[英] 诺曼·德拉蒙德 / 著　　达真理 / 译

成功的精神

怎样在工作和生活中把头脑和心灵结合起来

南方日报出版社
NANFANG DAILY PRESS
中国·广州

图书在版编目（CIP）数据

成功的精神 ：怎样在工作和生活中把头脑和心灵结合起来 / （英）诺曼·德拉蒙德著 ；达真理译. -- 广州 ：南方日报出版社，2012.5
ISBN 978-7-5491-0279-2

Ⅰ. ①成… Ⅱ. ①诺… ②达… Ⅲ. ①成功心理—通俗读物 Ⅳ. ①B848.4-49

中国版本图书馆 CIP 数据核字(2011)第 249572 号

成功的精神——怎样在工作和生活中把头脑和心灵结合起来

（英）诺曼·德拉蒙德 **著**　达真理 **译**

出版发行：南方日报出版社
地　　址：广州市广州大道中 289 号
电　　话：（020）83000502
经　　销：全国新华书店
印　　刷：广东信源彩色印务有限公司
开　　本：787mm×1092mm　1/16
印　　张：14.5
字　　数：280 千字
印　　数：1-5000 册
版　　次：2012 年 5 月第 1 版
印　　次：2012 年 5 月第 1 次印刷
定　　价：30.00 元

投稿热线：（020）83000503　读者热线：（020）83000502

网址：http://nf.nfdaily.cn/press/

因为你们的勇气、善良、真挚、正直、奉献和尊严，美德与你们同在——伊丽莎白斯、安德鲁、玛丽·克莱尔、克里斯蒂和劳莱德，请你们接受我的爱意。

现在留下的还有三件事：信仰、希望和爱。但是在这三者当中，最伟大的是爱。

《新约·哥林多前书》第13章第13节

致 谢

这些年来，有许多人一直在亲切地鼓励我写作。没有他们一路上的帮助和鼓励，这本书肯定还只是我心中偶尔闪过的一丝念头而已。

对一个孩子来说，充满关爱和可依靠的家庭生活是人生最好的开端，在这方面我本人是有福的。我至今仍能记得我父亲收听马卡斯尼的《乡村骑士》时开足了音量，而我慈爱能干的母亲要他把音量放低好让孩子们睡觉的事情。然而最近，我在格拉斯哥的一次音乐会上听到了由完美的男高音歌唱家安德烈·波切利演唱的《乡村骑士》，这时我又听到了父亲的声音，“继续干下去，你能行”。

我父亲在30多年前因心脏病突发去世。也许时隔30多年后重新想到的这一句话，是理解《成功的精神》这本书并能使你从中得益的关键。只有你把自己的心灵和头脑结合起来，你才能成为天生的自己。

在写作《成功的精神：怎样在工作和生活中把头脑和心灵结合起来》这本书的过程中，我当然受惠于我的家人，还有我出色的私人助理维尔玛·夏丽迪，可爱的编辑卡罗·亨得利，与他们一起工作是如此开心。我还要感谢Hodder & Stoughton出版社罗薇娜·韦伯富有激励性的领导工作，我对她和她的团队充满敬意。

然而真正促使我开始这本书写作的是我的代理人，纽约Pimlico代理机构的凯·迈克考利，他帮助我意识到我有能力写作，并可以通过写作这种方式来帮助他人。他的幽默感使我在潜意识里想起我父亲的诙谐和对我说过的话，“继续干下去，你能行”。

我相信和祈祷，这些来自我父亲的话现在可以用来激励我的读者“继续干下去”，因为当你的心灵和头脑结合起来时，你能行！

目录 Contents

中文版前言

《成功的精神》一书在英国出版后很快就成为了畅销书，精装本和平装本都曾得以重印。我在写《成功的精神》这本书时从来没有想到过，该书在出版了几种国外版本后，会得以在中国出版。

我对中国的黄先生以及南方日报出版社对我在这方面的鼓励深表感激，我希望《成功的精神》一书能给广大中国读者带来帮助和启示，无论是在他们的私人生活中，还是在职业生涯中。

我还希望，像在其他几个国家里一样，《成功的精神》一书会对我主讲的领导艺术课程起到辅助作用，这些私人或公开的课程是为团体、公司和机构特别量身定制的，他们有志于增进生活和工作中的目标感、愉悦感并取得更大的成就。

任何读者或机构对此有兴趣，欢迎联系在苏格兰的我们：

www.drummondinternational.com.

我们热诚欢迎您的询问并热切期待《成功的精神》一书能使您得益，因为它能使您的头脑和心灵结合，让您在家庭生活和工作中有更完美的表现，从而能在中国以至更广阔的世界作出更大的贡献。

爱丁堡皇家学会会员、大学博士诺曼·德拉蒙德教授

推荐序

“成功”是一种心灵的修炼

黄晓东

毫无疑问，这是一本励志书，一本引导你走向成功并如何去面对自己的内心，从而领略“成功之精神”的书。与早些年《卡耐基成功之道》之类的书籍一样，它也是来源于一个企业管理者自身的经验，并且以一种布道者的方式去与读者分享他的人生经验、他的工作哲学、他的所思所想。诺曼·德拉蒙德，作为出身企业世家、也是英国第一家国际性的领导学培训中心“哥伦巴1400”的创立者，无疑是一位卓越的职场导师，也是一位窥探了人生奥义的成功人士，他将在此书中引导我们以什么样的姿态去活着，以什么样的姿态去品尝成功之酒。

与所有的类似读物一样，本书围绕的也是“如何成功，怎样励志”的主题，但与很多同类读物不同的是，这一次，励志触摸到了人生的正能量，“成功学”抵达到了人类的心灵，因为正如它的副标题所说的，它要探讨的是——“怎样在工作和生活中把头脑和心灵结合起来”。由此，这里所谓的“成功”，也超越了财富独占所带来了物欲满足感，从而延展到了“精神”的层次。

从市场经济初起的20世纪90年代早期开始，有心的读者会发现，随着经济的繁荣、人心的振奋，在我国，有两种书籍大行其道，一种是西方企业家传记模式的“成功学”，以及后来为了实现、保障这种“成功”而衍生出的“大师管理学”；另一种是东方式的，据说是提炼于吾国传统文明中的“厚黑学”，以及各种与之相似的“权谋学”。从目的论上来看，这两种书并无二致，它们都应市场经济的大潮而生，响应了这20年来很多人的内心需求：我们如何取得成功？如何爬上更高的位置或得到更多的利益？但只要稍加分辨，就不难看出，这两种书背后所倚仗的价值资源，却有很大的区别：前一种“成功学”，往深里看，它宣扬的是一种正面的、积极向上的“企业家精神”，一种创世纪的情怀，当然，不可否认，这种“企业家精神”也时常被简化成一些格言式的句子，被包裹在心灵鸡汤的氛围之中；而后一种“厚黑学”、“权谋学”，则鼓捣的是一种负能量，即教你怎样应时应世，怎样对付官场上的政敌和生意场上的对手，总而言之，就是告诉你如何去掌握、运用那些“潜规则”，以做到“世事洞明皆学问，人情练达即文章”。然而可以说，在很多情况下，上面两种书籍，大多与真正的“成功”无关，它们大多只关注成功的“技术”，在所谓的“道器”、“体用”之中，很少涉及到“成功”的本体、成功之“道”是什么的层面。

很多年来，我一直在想，为什么这两种书籍会畅行不衰，并以各种各样的变种流行于世，它们到底根源于什么样的文化土壤，又将嫁接出什么样的果实？抛开厚黑学、权谋学之类中国治世、应世哲学不论，在这里单单与读者分享一下我对西方真实的“成功学”方面的理解与体会，因为这或许可与诺曼·德拉蒙德先生所著的这本《成功的精神》有一些共鸣。

那么西方“成功学”到底根植于什么样的文化土壤和文明图景

中呢？以我的理解，这完全可以从德国著名的政治经济学家及社会学家马克斯·韦伯所著的《新教伦理与资本主义精神》中找到答案，甚至是可以从《圣经》这本西方文明最大的励志书中去寻得答案。

马克斯·韦伯在他的巨著中，谈及了一种促使资本主义车轮滚滚向前的动力，这种动力实则是一些观念，譬如认为“个人有增加自己的资本的责任，而增加资本本身就是目的。违犯其规范被认为是忘记责任”。这种观念，带动了资本的逐利，也为资本扩张者带来职业的责任感乃至荣耀感，它将追逐物质上的极大增加看成是一种合乎宗教伦理、道德伦理的工作，将赚钱视为美德，从而不仅实现了财富创造上的成功，而且也实现了精神的成功、“精神的胜利”。

马克斯·韦伯所论述的这种资本的精神，来源于他对基督教精神的深切洞察。德国宗教改革家马丁·路德将基督教改造为新教，提炼了基督教的内核，赋予其崭新的面貌。更为重要的是，他打通了基督教徒在创造财富与侍奉上帝方面的“任督二脉”，也打通了现世生活与来世生活之间的关节，使物质、财富与精神、美德能够互为表里。这样一来，追求财富不再是一种罪恶，钱财也不再是中国人所蔑视的“阿堵物”，恰恰相反，这是一种按照神的旨意、荣耀主的大好事，今世“根据神的召唤，努力工作”，是尽上帝的臣民应尽的义务。那么，这种“成功”，就有了很深的伦理学意蕴，这种“成功学”，就抵达了精神上的大境界和大通透。

不止如此，与新教伦理相互粘连的资本精神（体现在企业家身上的这种精神气质也可被称为“企业家精神”），还找到了另外一种“成功”的归宿，那就是舍弃的精神、慈善的精神、爱的精神：一个成功人士，只有在今生努力创造财富，然后在升入天堂前舍弃财富，他才能如骆驼穿过针眼，通过天堂的窄门——还有什么样的“成功”比得起“上天堂”这样的福报呢？

在众多的“成功学”、励志类书籍中，很少有人洞穿了“成功”的这样一层含义，因而它们所指的“成功”只能沦为一门技术，它们或许可以提供一种“我的成功你可以复制”的模式，但始终难以回答“我是谁，我从哪里来，又要到哪里去”这种人生大命题。

真正的成功，必然是与头脑和心灵相关，这既是修炼，也是“成功”的出路与去路，乃至退路。

这就是《成功的精神》一书给我们的启示。

2012年春于广州

前 言

追溯和展望

在19世纪，我四位曾祖父中的三位在苏格兰开创了自己的事业，他们成了企业家。我的每一位曾祖父都是从很小的生意做起，懂得贫困意味着什么，他们决心要让自己和家人过上更好的生活。他们吃苦肯干，紧紧抓住生活带给他们的每一个机遇。他们在140年以前创建的公司至今依然繁荣兴旺，为成千上万的人提供了工作机会。多年来是他们塑造了我们家族的生活和人生态度。这些公司中有一家仍是家族公司，雇请的已经是第五代的家族成员了。

这是一种了不起的传承。但曾祖父们留给我们的不止是他们创建的公司，他们把他们的价值观和信仰也传给了我们，正是这些价值观和信仰使得他们在人生和事业上取得如此的成功。他们三人都是狂热的平均主义者，坚信我们都有共同的人性。他们痛恨虚浮矫饰，总是乐于承认自己的错误，并能够从中获取教益。他们是独立自主的人，但也相信无障碍领导，对同事和下属则能表示出他们的善意和尊重。他们传给我们的信念是：努力工作就会有收获，这种收获既是物质的，也是精神的；你在生活中作出的决定，你的生活和工作方式都会对你的人生产生深远的影响。

我就是在这样的信念影响下长大的，并且把它们带到了我自己的工作和生活中。我在大西洋两岸做教师、指导者和中间人，见到过许多不同的公司以及经营这些公司的人。由此我认识到，我的曾祖父们如此崇尚的价值观和理念如今已经逐渐丢失了，我们亟须把它们重新挖掘出来。当然，我们并不能使时钟倒转，我们也无意这样做。比起我曾祖父的时代，有许多事情现在已经变得更好了，但是他们在工作和生活中持有的信仰和价值观仍与我们休戚相关。

我在职场中见到的人们，有太多的只是处于一种“机械运行”的状态中——按照公司的要求完成工作，呆板地过完每一天。西方世界的会议室和办公室里充满了灵魂支离破碎的人们，他们已经不再认识自己的本来面目，也迷失了人生的方向。他们中有许多人长时间工作以获取更多的物质报酬，但却饱受焦虑、压力和精神痛苦的折磨。

我最近去了美国，遇到了一位《华尔街日报》的编辑，他给我讲了他的一位熟人的故事。这位朋友多年来一直专心致志地经营着他的生意，到了接近50岁的年纪，他卖掉了公司，准备享受他多年辛苦得来的成果。这时他却发现自己不知道自己是谁，也不知道他在自己的人生中还想干些什么。这位编辑告诉我，假如你和这位朋友谈及他的灵魂，他也许只是茫然地看着餐馆菜单上的鱼鲜部分不知所措。他多年的辛苦工作给他带来了财富，但并没有给他带来悟性、满足和幸福。像这样失去方向的男女为数不少，他们的确不知道自己想要什么，也不知道对他们来说什么才是真正重要的。他们相信成功是以物质财富来定义的，然而他们并没有幸福感，也不能从他们所从事的工作中得到快乐。

还有些人在制造或忍受着职场里的痛苦。在许多公司里，人们更多感受到的是失败的恐惧，而不是成功的喜悦。对员工的羞辱是家常便饭，表扬和鼓励却凤毛麟角。人们唯一感兴趣的是自己的得失，而不是他人或整个公司的利益。这种情况对所有的人来说都毫无益处，员工流动性很大，士气低落，并由此影响到生产，一切都乱了套。有许多公司至今还处于这样的经营状态，而且毫无改变的迹象。在整个西方世界中，人们开始意识到大并不一定等于好，财富并不能买到幸福，一种由公司规章塑造出来的人生并不能给人带来深刻的自我认识和自我实现，他们正在寻求一种不同的行事方式，以及更多的东西。

但是，要找到更多的什么？我相信要得到真正的满足，我们需要从现在开始、从内心去寻找真正的人生目标和成功感。有太多的人依靠外在的自己——物质利益和他人对自己的评价——而忽略了内心的资源。我们有认识自我、独立自主的能力，有相信自己判断、不同流俗作出独立决定的能力。这些能力很像是人身上不太常用的肌肉，肌肉需要通过锻炼来得到增强，直到它能在任何情况下成为我们能够依靠的力量。

在需要更多的自立和自我认识的同时，我们还要看到一幅更大的图画。我们不仅要看见自己的需求和愿望，也要看见同事的乃至公司的需求和愿望。我们需要确立一种造福公司内外每一个人的价值观和工作氛围，无论你的公司是大还是小。公司中的每个成员把公司看作一个整体很重要，而作为个人，你和其他每个人都一样重要。公司的上层人员得到的好处最多，这一点在如今的职场里司空见惯，而在中层以及底层的员工则常常报酬过低，不被重视并充满了挫败感。在这种情况下，人们得到的是踩踏别人向上爬的理念，而一旦爬到顶层，他们却很少会顾及他人的利益。但是，假如我们在向上攀爬的过程中把我们诚实正直的秉性弃之一边，我们的成功也会顿时黯然失色。在一个重视每一位员工的公司里，每个人都会得益，每个人都会有良好的自我认同感和工作愉悦感，无论他是送茶水的服务员，还是董事会的主席。对公司目标的分享，对幽默感、成就感和工作乐趣的分享，是对员工最大的鞭策和激励，能造就一批高效、忠诚和快乐的员工。

要创建一家伟大的公司需要伟大的员工。你需要那些已经取得成功并且不满足于物质成功的人，那些相信成功的可能性并且目光远大的人，那些能在计划实施前调兵遣将并将计划圆满完成的人。这些人有极高的行为标准，他们善良却不软弱，坚定却不凶残。他们不怕犯错误，勇于承认错误。他们能持续地给人以启示和激励。总而言之，他们有杰出的人性，善于开动脑筋而又不忘顾及他人的情感和心灵。我们当中的每一位都有能力成为这样的人。小说家兼殖民地行政长官约翰·巴肯曾经写道："我们的任务不是把崇高放回到人性当中去，而是从人性中去发掘它，因为它本来就在那儿。"我们每个人都有自己内心独特的高尚情操，我们的人生挑战就是去发掘它，并且把它运用到极致。

这本书就是一本有关崇高人生艺术的指导书，一本教会你如何探索和扩展你的内心资源、能力和潜能的入门手册。本书立论的前提是，要获得真正的成功你必须首先探索你的内心，做到真正了解自己。假如你想以一种富有创造性的、能实现自我并且富有成果的方式去生活，那么发现真实的自己，了解自己的人生目标这两点是最基本的要求。本书采用问答、练习、解说和其他简单技巧来加深你对自己的认识，提高独立性，使你的工作更加富有成效。我考察了如何解决焦虑、压力，工作时间过长，怎样与难相处的同事打交道以及怎样面对难以完成的任务等方面的问题；我也探索了如何在工作和生活之间保持理想的平衡，如何创造愉悦和富有成效的工作环境，以及如何简单有效地处理职场中的各种疑难问题等。

我希望这本书能带给你一种看待事物的全新方式，事实上这种方式发自你的内心。我愿意帮助你创造出一种值得为之奉献的职业生涯和一种值得为之生活的人生，因为这是每个人都应该得到的人生。

第一章

三个基本的人生问题

有一次我应邀在苏格兰石油重镇阿伯丁对一些石油行业的经理人员作晚宴时的演讲。在场的有成功的国际企业家和公司行政人员，他们来自世界各地。我知道他们希望我谈一谈与他们行业有关的各种问题，但是在这个晚上我决定把话题展开一下，说一些稍微不同的东西。我问了他们三个非常简单、也是非常重要的问题：

你是谁？
你为什么要以你现在的方式生活和工作？
你将会有怎样的未来？

我能看见他们脸上表现出的惊愕表情。问题涉及到他们的人生、选择和未来，这是菜单上所没有的。这些男女平时被他们的社会地位所驱使，没有想到在用晚餐的时候会突然面对这样根本的人生问题。

我不知道自己所问的问题是否会被他们认为荒唐而被忽视，但是当我结束演讲时响起了热烈的掌声，还有些经理人员感慨地与我握手。他们对我说："谢谢你，我需要有人来问我这样的问题——今天晚上我真要好好想一想。"次日上午我正在酒店大堂退房，有一位女士走过来对我说："我丈夫在石油行业干了20年了，这是他第一次真正对自己作了评价。”

这三个问题是对我们所有人提出的。假如我们要以一种合乎道德和人性的、富有成果的方式去工作，我们就要经常这样问一问自己，无论我们在生活和职业生涯中作出了怎样的选择。只知道去上班干活是不够的，不管你是一名刚进门的学徒还是已经身为公司的总裁。你需要知道自己的人生方向，什么对你最重要，你为什么要选择这项工作，以及你想要怎样的未来。你要想一想自己在工作中扮演了怎样一个角色，别人怎样看待你，你已经取得了怎样的成绩——不光就工作而言，也就人性而言。

请你更仔细地来思考一下这三个问题，并给出自己的答案。

你是谁?

这个问题是三个问题中最重要、也是最难回答的。认真审视自己，回答根本性的人生问题需要内心的力量、勇气和诚实，但是假如你愿意这样做，能得到的回报也是难以估量的。

道格拉斯·麦克阿瑟将军在他的诗作《给我生个儿子》中写道：“给我生个儿子……他要懂得，认识自己是所有知识的基石。”当你认识并接受了自己，当你无须回避自己心中的阴暗角落，你就能成为一个有主心骨、有根基的人。你能够做好自己的事，对自己的存在感觉自在舒适，你懂得真正的自我接受意味着什么。当你知道了你是谁，你就能做到：

喜欢自己

喜欢自己意味着把自责、自欺欺人和不必要的谦卑弃之一边，取而代之的是赞赏自己的品质和所作出的努力。

从容不迫

不管周围的人走得多快，用使自己感觉舒适的步伐前进。

在任何情况下信任自己

不管压力有多大，情况有多难，也能依靠自己的优秀品质来渡过难关。

坚守自己的信仰

即便在他人怀疑或否定的情况下，也要理解自己的信仰并且坚守它，这是自我认识的基础。

不管风吹浪打，坚持自己的前进方向。

坚定地朝着既定目标前进，不动摇、不言败。

绕过前进道路上的障碍

在不损害他人利益的前提下，巧妙地绕过或移开阻碍你前进的障碍。

以镇定和自信面对一切困难

因为你的内心强大自信，你是谁，该做什么这样的问题不用依赖别人来回答。

这些都是一个真正自强的人应有的品质。他们既不僵硬固执，也不随波逐流，他们能够沿着正确的方向驾驭自己的人生，同时也能够充分尊重他人的观点和感受。

而那些不知自己为何人的人们常常跌倒在跨出的第一步，或遭受由此带来的痛苦。对那些不能真正认识自己的人们，以下是一些经常会遇见的陷阱。

依葫芦画瓢

不了解自己就不能做到自立自强。为了认识真正的自我，你需要知道自己的动机是什么，是何种力量和信念决定了你的行为。那些不了解自己，没有自信心的人常常会模仿别人的行为。例如当他们被要求完成一项任务时，如发表公开演讲，他们就会想到那些演讲得好的人，然后去模仿他们的样子，在自己的演讲中照搬别人用过的噱头或段子。他们的表现往往会给人虚假、紧张和没有说服力的感觉。

一家大保险公司雇请一位英国体育明星到晚宴上去作演讲，晚宴是由一家声誉卓著的公司主办的。公司人事部经理把体育明星请出晚宴现场商谈演讲的事，他要求体育明星在演讲中多讲讲心里话，而不要只讲一些无聊的体育闲闻轶事来搪塞。但体育明星对人事部经理的意图并不领会，结果他的演讲虚浮夸张，表演味十足。讲到一半时他就感觉讲不下去了，而当听众提问时他又失去了耐心。这位先生在体育方面固然成绩骄人，但他并不知道自己是谁，只是仿照着别人的样子来依葫芦画瓢。

借助道具

许多人需要借助多种道具来支撑他们的人生。就商界的人们而言，这些道具包括丰厚的年薪、昂贵的汽车和优厚的养老金等。他们以物质利益的多寡来定义成功与否，因而他们认为自己是成功者。要取得和维持这些物质利益需要极大的付出，因而他们忽略了自己的亲人、家庭和梦想。

我有一位成功而富有的客户，他忙于建立和快速扩张自己的事业，因而无暇顾及他妻子的孤独和抑郁。他打算退休后住到西班牙去，梦想他在进入晚年的时候，能和妻子一起躺在海滩上的遮阳伞下，悠闲地喝着一杯冰冻的饮料。问题出在他一门心思忙于挣钱，结果错失了当下的生活。直到他妻子宣布将要离他而去，改嫁给一位为他们修理屋子的男人时，他才意识到自己过于仰仗生活中的道具而失去了人生中最宝贵的东西。

物质利益固然不错，只是要把它们当作一种额外的喜悦，而不是人生的终极目标。那些时刻在狂热地追求单纯物质成功的人，其实并不知道自己为何要这样做，因为他们从来不会停下来考虑这些问题。他们只是忙于向外界炫耀自己光彩夺目的外表，以此来填补人生的空虚。我有时见到一些大人物，他们穿着昂贵的华服，乘坐着超长豪车出现在某些场合，这时我就会想到，他们中间究竟有多少人是真正幸福和满足的。毕竟，真正强大的内心并不取决于收入的多少，住宅的大小或汽车的型号。

缺乏平衡

有时人们忙于生活中的某些方面而忽视了其他方面。了解自己就是要求你去面对自身和生活中的所有方面，甚至是难以面对的方面。有时，教会自己读懂自己会是一种痛苦的体验。

有一个英国人到了美国，和他一起到达的除了他的妻子、孩子和几只行李箱外别无他物。他们在波士顿的一间小屋里开始了在美国的生活。从表面上看他工作努力，开创了成功的事业，还在城外买了一栋漂亮的房子。有一天傍晚他因开会而回家晚了，地上积着厚厚的雪。但是当他回到家门口时，看见自己12岁的孩子已经为他清扫好了车道，他的心被孩子的爱打动了。许多年后，他在和儿子一起用晚餐时对儿子提起了这件事，他说这是他人生中最美好的时刻。他的孩子此时已经是一个年轻人，他的回答却出乎父亲的意料：“我人生中最不幸的时刻，是有一次你因为我的学习成绩而羞辱我。从此以后我没有问你要过任何东西，不过我也从来没有让你失望过。”父亲感觉很自责，他意识到自己曾经对孩子是如此严厉、苛刻而无情，他本应该与孩子有更多的沟通。最终他明白了，鼓励、赞扬和充满爱意的言辞本该是更有效的交流方式，他许诺自己一定会加以改正。

这位父亲终于明白，他为自己和孩子设下了难以达到的高标准。而为了达到这样的标准，他错失了许多和家人在一起享受天伦之乐的机会。他过的是一种失衡的生活，只注重了生活中的一个方面——追求成功——而付出的代价是牺牲家人的利益。

找到你自己

那么，我们怎样才能知道自己究竟是谁呢？首先问自己一个最重要的问题，这个问题是其他所有问题的根本。

我从哪里来？

有一条凯尔特谚语这样说："要知道你将去哪里，必须明白你来自何方。"假如你为了找到这个问题的答案愿意承受诚实面对自己所带来的痛苦，那么你得到的答案将为你的余生答疑解惑。要知道你来自哪里意味着必须回顾你的童年、家庭、学校、父母，或那些抚养你长大的人，因为在这里面隐藏着你今天的信念和行为形成的线索。

我父亲出生在格拉斯哥附近格里诺克的一个富有家庭。他的父亲曾担任过镇长，所以他和我祖母都热心于公共事业。我的祖父母都是好人，像其他大多数父母一样尽其所能抚养孩子。但是他们的人生追求意味着，在我父亲的成长过程中很少得到他们的关爱和温情，这就造成了父亲对自己孩子的行为模式。他从不相信有人爱他，也从不认为自己是个成功的人，因而他对自己和别人永不满意。结果是我们总是渴望取悦于他，得到他的赞许。他去世很早，只有51岁，我们多么想让他知道，我们是如此地爱他。

理解这一点对于我认识自己的缺陷，以及采取不同的方式来对待我自己的孩子有极大的帮助。一个人无论多么成功，多么聪明，假如他不知道自身来自童年的传承，他就会长久地生活在焦虑和不安全感当中，并保留着他孩提时代所得到的狭隘观念。

在我培训过的客户中，十有八九有源自恐惧和失败的焦虑。我见到过一些公司首脑、总裁和高级经理人，用世俗的眼光来看，他们都是事业有成的人。但是他们自己却不这样认为，他们饱受焦虑、压力、负疚感和恐惧的折磨。他们经常带着许多急需解决的公司事务来找我，然而，我总是劝说他们再深思一下，结果发现在“公司事务”背后总是隐藏着个人的担忧和恐惧。

我的一位女客户经营着一家成功的时装公司，她告诉我她总是为金钱而烦恼。尽管她收入颇丰，另外还有高额的养老金，但她却害怕会失去这一切，而她的恐惧使她的生活变得一团糟。我要求她告诉我她的家庭背景，她说出自己的父亲曾经做小生意赔了本，到了破产的地步，结果他们被迫搬了家，她也换了学校。后来她的家庭苦尽甘来，她也几乎忘了这段凄苦的日子，因为那时她只有七岁。但这段经历显然给她留下了恐惧的阴影，直到今天还对她产生着影响。

我要你探寻一下自己来自何方，并不是要你去做心理治疗，或用很多时间去分析探讨。你只要对自己作一点小小的探索，回顾一下过去，并把过去和今天联系起来。这种联系极有价值，因为你现在的行为、信念、抱负和实践都能从过去发生的一切找到答案，而且这种联系是认识你自己的最基本和最重要的开端。

练习

花十分钟时间写下以下事项：

我记得有关我父亲的五件事；

我记得有关我母亲的五件事；

用五个词语概括一下我的童年；

其他人会用来描述我的五个词语。

试着回忆一两件在童年时代发生的事情，记起你当时是如何作出反应的，观察一下这件事情是否与现在有任何联系。这个简单练习所能带给你的启示会让你感到吃惊。假如你感觉这样做有用，你可以继续增加这个清单，无疑你会从中找出更多的联系。

让守车离去吧

有太多的人难以抛弃昔日的包袱和重负，他们的恐惧、懊恼、负疚感和羞耻心像磨石一样吊在他们的脖颈上，剥夺了他们生活中应有的快乐。我经常看到事业上非常成功的男女饱受焦虑的折磨，因为他们做了自己觉得羞耻的事情，因此感觉自己已经失去了应有的正直人品——如发生了婚外情，或做了某种见不得人的交易等。

我把这种精神负担称为一节守车。假如人生像一列火车，那么这就是一节挂在列车最后的守车，装载着所有鸡零狗碎的东西，跟着列车走遍所有的地方。对我们许多人来说，在大部分的旅程中我们会时而重访这节守车，去重温守车中装载着的东西。有一部名为《西北边疆》的老电影，影片中的角色正乘坐一辆火车穿越沙漠。由肯尼斯·摩尔饰演的主角正帮助一小批人——大多是妇女和儿童——从困境中出逃。但是火车太过沉重难以移动，所以摩尔解开了守车与列车的连接器，把守车抛弃了。由于减轻了负担，火车才得以比较轻松地驶向目的地。

所以，我们大家都需要把我们拖着到处挪动的守车解开，由此带来的解放和自由的感觉是无法估量的。但有许多人觉得这一点难以做到，毕竟，他们拖带着这辆装满痛苦的守车已经有太多的年头。所以我常建议人们，如果要下决心把事情做好，就应该义无反顾地做到这一点。

有一位事业成功的女经理告诉我，她对自己悔婚感到非常内疚。她的未婚夫为此悲痛欲绝，感觉自己再也不会去找别人了。她以一种残忍决绝的方式中断了他们之间的关系，现在她感到后悔不已。尽管已经过去许多年了，她还是决定写信给自己的前未婚夫。她在信中说她希望他幸福，并为自己对他造成的伤害道了歉。尽管她从来没有得到过他的消息，但写这封信使她能把这件积压在心头的负担抛开，从此可以轻松地生活下去。

这正是我们大家都要做的事情——继续生活下去。没有人是完美的——我们都曾犯过错误，做过不该做的事情，伤害过别人。有时我们很幸运，能够得到作出补救的机会，但在大多数情况下我们无法做到这一点。我们能做的只有从错误中吸取教训，然后把它远远抛开。人生也不是完美的——它常常是由一连串的不完美组成的。我们所遭受的伤害和失败，我们所犯下的错误，都是我们人生旅程的一部分，如果没有这些，我们的人生就不会如此丰富。真正的挑战是我们用何种方式来面对这些负面经历。

了解自己

了解自己的关键在于接受自己。当你能够接受自己的不完美，承认自己犯过错误，并且认识到在将来有可能再犯错误，在这种情况下仍然能够坦然自若的话，那么你在了解自己方面已经取得了成效。许多人知道自己爱着别人，但看不到自己也被别人爱，而且是值得爱的。感到自己不值得爱是自我排斥的一种，只会给我们带来不幸的感觉。假如你接受自己是值得爱的这样一种观念，那么你就在自我了解方面跨出了一大步。

练习

向自己提出以下问题：

我的行为是否能和我的信念保持一致？

我相信自己吗？

即便在逆境中，我也能坚持自己的人生目标吗？

我的内心强大吗？

我喜欢自己吗？

假如你对上述所有问题的回答都是肯定的，那么你已经开始对自己有比较深入的了解。假如你对有些问题的回答是否定的，这就表明在这些方面你需要作出改进。

要记住，假如你能按照自己的信念来行动，那么你将始终是一个表里如一、自立自强和诚实正直的人；假如你的行为正直，你就是一个值得信赖的人；假如你有足够的勇气，你将能够在面对困难、障碍和遭到反对的情况下仍然坚持自己的方向；假如你能在众说纷纭中坚持以自己的判断来行事，你就有强大的内心力量。假如你能够始终做到上述各点，你就能做到真正地喜欢自己。

你为什么会以现在的方式来生活和工作？

这个问题和第一个问题是有着紧密关联的。假如你知道了自己是谁，你就知道自己为什么会是现在的自己。但这个问题也有自身的一些可思考的地方。

大多数人都不会常问自己正在做什么。我们感到生活引领着自己沿着某条道路前进，我们得到了某种机遇或他人的指引。我们会认为，这就是我们为什么会成为今天的自己的原因——我们可以把这说成运气、命运或只是外部境遇使然。我们也许会安于现状，也许感觉到有些状况需要改变，但是我们是否经常会问自己："是怎样的选择把我带到这里，我为什么在这里呢？"诚然，我们在生活中所做的一切都是选择的结果，无论是有意识的选择，还是无意识的选择。

练习

问自己为什么在做现在的工作，以下是一些可能的答案供你参考：

我要让人看见自己是一名成功者。

我要取悦于他人（家人、朋友、上司等）。

这是家人的意愿，我的家人总是为我安排好一切。

我擅长做这项工作，所以这是很自然的事情。

我喜欢得到物质回报。

我需要安全。

现在再问自己，你是否满意自己给出的答案。你是否出于自己的爱好而从事现在的工作，并且这是你最喜欢的工作；或者这只是妥协的结果——你所做的工作只是某种姑且为之的事情，而不是你的第一选择。

有一个在银行工作了20年的男士前来见我，他的情绪低落，因为他一直不喜欢自己的工作。我问他为什么会从事这项工作，他告诉我他之所以去银行，是因为他的兄弟在他之前先到银行工作了。他的家人认为这是一个稳定的好工作，他只好顺从了家人的意愿。到现在已经过去20年了，他越来越感到对自己的工作毫无兴趣，每天只是机械地去上班，如果可能的话，他宁愿待在家里陪妻子。当我们谈论起他的爱好时，他发现自己喜欢和孩子们在一起的工作，后来他找到了一份帮助贫困青年的工作。他改变了自己的生活，不再感到意气消沉。他就像一株枯萎的植物得到了雨露的滋润，现在他的工作和生活轻松愉快。

当你问自己为什么会以现在的方式工作和生活时，你可以试着做几个练习，这些练习能帮助你把自己的情况看得更清楚。

练习：分身体验

这是一种能在所有情况下使用的有用方法，它是一种从精神上让自己后退一步来观察自己的方法，就好像自己是停在墙上的一只苍蝇一样。你需要愿意把自己分身出来，每次花上几分钟时间，把自己当作他人来观察。通过这种方法你会对自己作出的人生选择有一个更客观的看法。观察你自己怎样与人打交道，怎样处理疑难问题，以及过着怎样的日常生活。注意在你的生活中哪些事情是有价值的，哪些事情是需要作出改变的。

镜子练习

这种练习与上面一个练习相似，对深入观察你的生活很有好处。你需要站在一面大镜子前，站得近到让自己只能看见自己的脸——甚至脸上的细节也模糊了。现在后退一步，把视觉焦点放在脸上，视界变大一点了。再朝后后退两步，你突然看见了自己的全身以及周围的环境。你可以忽略细节，看见自己站在房间这样一个大背景里。

我让客户在德拉蒙德国际公司的会客室里做这个练习，会客室墙纸上印的是星星的花样。当客户站得离镜子很近的时候，墙纸是模糊的。但当他们后退几步时，墙纸上的花样就能看得很清楚了。墙纸上的星星也象征着他们人生中多如繁星的机会。这个练习很好地说明，当我们被生活中的各种琐事所缠绕时，我们就难以后退一步以看清全面的情景。

后退一步是一件很值得做的事情，它能帮助你回答这样的问题：为什么你在做现在所做的事情？你对这个问题的回答会把你引向第三个问题。

你将会有怎样的未来?

对于未来，你有什么希望、梦想和计划？你的生活中隐藏着怎样的可能性，等待你去探求和拥有？这个问题为我们每个人打开了神奇的选择之门。我们在生活中所做的每一件事，所走的每一条路，所拐的每一个弯，都是一种选择。无论你是顺从别人的意愿，或是在生活的河流中随波逐流，你总会有作选择的机会，即便只是选择一种生活态度。

选择你的生活态度

生活态度是你能作出的最重要的选择，因为生活态度在任何情况下都会对事情取得怎样的结果产生很大的影响。无论境况如何不利，从积极的生活态度中很有可能得到正面的结果；而消极的生活态度即便在形势有利的情况下也会产生不利的结果。我们每个人都认识这样一些人，他们总是看见生活中光明的一面，不会轻易被困难所吓倒；而另外一些人则总是看见重重困难，不管自己实际上已经拥有了生活中许多美好的东西。是以有尊严、勇敢、诙谐和自信的态度去面对一切，还是以疑惑、恐惧、焦虑和怀疑的态度去生活，这是我们每天都要作出的选择。

当Kwik-Fit公司的创始人汤姆·法默先生开始向国外扩展他的公司时，他见到了一段不知出自何人的格言。他给了我一个副本，我把它装在镜框里挂在办公室的墙上：

> 随着年龄的增长，我越来越意识到生活态度的重要性。生活态度比经历、教育、金钱、环境更重要；比成败得失、他人的言论和行为更重要；也比容貌、天赋和技能更重要。
>
> 值得欣慰的是，你每天都可以选择面对今天的生活态度。
>
> 我们不能改变过去，我们无法改变别人的行事方式，我们也阻止不了不可阻挡的事情发生。我们唯一能做的是拨动我们自己的那根弦，那就是我们的生活态度。

即便在最困难的情况下，积极的生活态度也能给世界带来不同。有两名“黑色守望”部队的士兵从小就是好朋友，他们在同一个村庄里长大，上的是同一所学校。在第二次世界大战中，他们都在第一时间参了军，并且被分配到了同一个连队。在一次战斗中他们两人并肩作战，由于伤亡严重，他们接到了撤退的命令。他们采用两人交替行进的方式撤退，在撤离过程中有一人受了伤，当他倒下时他对自己的伙伴说："你快走，我没事。"于是另外一名士兵单独朝后撤退一直到达了集合点。过了一会儿他问长官是否可以回去找他的朋友，但是长官断然对他说："不行，你回去是找死。"

但是这位年轻的士兵一直念念不忘自己受伤的朋友，于是他又去请求长官。长官说："我们在两小时后就要开拔，假如你到时候还不回来，我们就把你也当成失踪或牺牲了。"

士兵出发了，他消失在夜幕中。就在两小时快要过去的时候，人们看见他背着朋友的尸体穿过开阔地回到了集合点。他虔敬地把朋友的尸体放在地上，这时长官过来对他说："你看，我告诉你他死了，你不值得这么做。"

年轻的士兵站直了身子直视着长官的眼睛，他对长官说："现在他是死了，但是我找到他时他还活着。他对我说：'我知道你会来，一定会来。'"

我们每个人都希望能成为这样的人，选择一种勇敢、忠诚、友爱的生活方式，而不愿意去走某种捷径。当你投入到每天的生活中去的时候，你选择了怎样的人生态度？你选择的是你自己喜欢的态度吗？或者，现在是不是已经到了作出改变，去选择一种更加积极的人生态度的时候了呢？

看待事物的新方式

我的许多客户大权在握，他们有很大的影响力，有丰厚的收入和崇高的社会地位，但他们仍然感到不快乐和不满足。他们中有许多人感到自己的生活中缺失了某些东西，这是因为他们对自己的天赋、信念和欲望严重忽视，以至他们甚至不知道有这些东西的存在。他们只是在自身和生活中的某些方面过分集中了注意力，以至忽略了其他的方面。

我的工作就是帮助他们重新发现一幅全面的图画，发现那些存在于他们自身和生活中，能让他们感觉到健全、激奋、创造性和驱动力的东西。通过鼓励他们探索自己的天赋和梦想，我帮助他们打开面向未来的选择之门。我试图帮助他们培养一种看待事物的全新方式，因为不管到目前为止我们已经取得了怎样的成就，也不管我们是年轻还是年长，我们仍会面对许多可以探索的东西，仍需要作出许多面向未来的选择。

你知道你想要什么吗？你是否按照自己的愿望和预期作出了计划，或者已经选择了对你来说是最重要的东西？深入地审视自己：你是一个怎样的人？你的驱动力是什么？你对幸福、成功和满足的看法是什么？你自信并有勇气坚持自己的信念吗？你坚信自己的判断并把它告诉你的同事吗？你是否选择能激励和鼓舞你的目标以扩展你的领域？

TICK测验

这个测验能帮助你对自己的能力有更多的了解，对你规划未来和实现梦想有很大的帮助。我在培训客户时会使用它，许多客户告诉我这种测验打开了他们的眼界。有些人告诉我，当他们和同事或家人同坐一桌时，做这个测验会更加有用。

T　Talents 天赋

即便是身居高位的人，也未必意识到自己最擅长做哪些事情。为自己开列一个强项清单，不管事情大小，也不管是哪个方面的事情。发现自己能做多少事情是自信的基础，这样做能帮助你打开所有的可能之门，把你从“灰色工作狂”的类型引向“有亮点、有魅力、心胸开阔”的一类人里。

I　Interests 兴趣

为自己感兴趣的事情开列一个清单，尽可能地详细。你还保持着哪些兴趣，已经淡化了哪些兴趣？你最愿意为之花时间的爱好是什么？你愿意把时间消磨在与你工作无关的事情上吗？你会在聚会上与陌生人谈论你的爱好吗？因为工作压力和对事业成败的忧虑，你已经放弃了哪些爱好？

C　Challenge and Choice 挑战和选择

你一生中最想做的是什么？到目前为止你已经作出了怎样的选择？在怎样的挑战面前你会得到激励和启示？

K　Kindness 善意

你对自己好吗？你会照顾自己，了解自己的需求并满足它——例如让自己休息一下，出去走一走，或者变换一下环境？抑或你是一个对自己粗心、不耐烦或要求过高的人？你是否能接受他人的赞许？来自他人的好评能使我们“翼下生风”，应该得到重视。

等你做完了TICK测验后，看一看结果中有哪些地方能引起你的注意。也许你会看到有些你一直想做的事情，或者某种你想得到进一步提高的技能，或者某些你很喜欢做但又没有时间做的事情。现在是让这些梦想成真的时候了，把这些事情作为你将来计划的一部分，然后把计划付诸实施。这样你不仅会得到更多的人生享受，而且也会成为一个身心更加健全的人。TICK测验能为你找到看待自己和未来的全新视角。你会有怎样的未来？全取决于你的选择！

在一家大银行里，有一位崭露头角的年轻主任得到了去澳大利亚工作一年的机会。事情是这样的，他所在的银行“非营利部门”要他建立起一个社会责任分部门，以帮助那些开创事业的人和相关的社会投资。他饶有兴致地抓住了这个机会，但希望能在工作完成后回到英国。一年后他改变了想法，他爱上了这份工作，觉得自己的付出很值得。他选择留在澳洲为自己开创一种全新的生活。

这位年轻人作出了自己的人生选择，这种选择改变了他的人生方向。不是每个人都要作出在哪个洲居住的选择，但每个人每天都在作出会影响自己生活的决定。请务必确认你作出的选择反映出你自身的需求、信念和你所确定的正确的人生方向。

新的地平线

假如你能回答出本章开始时提出的三个最基本的人生问题，你已经朝着打开新思维地平线、为生活和工作找到更多可能性的方向迈出了一大步。带着自省的勇气和真正的诚实去认识自我，是发现自身美德的开始。

第二章

把头脑和心灵结合起来

有许多人用头脑来工作而忽视了心灵。结果他们常常取得了成功而没有得到幸福，达到了目标而没有成就感，他们采用的是一种严苛粗暴的工作方式。本章内容讲述如何在人们的头脑和心灵之间建立起联系，在思维和情感之间建立起联系，以帮助人们成为一个更加健全和卓有成效的人。

对于那些几乎只依靠左脑——大脑中主管逻辑、分析的非情感部分——的人们来说，他们是“有头脑”的人。他们依靠思维而不是情感，并且在任何情况下都用完全理性的方式去解决问题。当然，逻辑和分析是重要的能力，具有这种能力的人常常能获得成功。但是在完全依靠左脑能力的情况下，就会产生一系列的问题。

完全使用左脑去面对生活和工作会导致许多后果。“有头脑”的人不允许用情感、直觉、移情和怜悯等来平衡和丰富他们的逻辑能力，结果他们切断了与周围的人在人性和情感方面的交流。这样他们就难以关注到他们周围发生的许多事情，或者他们注意到了但还是只能把它们搁置一边，因为他们不知道应该怎样来对待这些事情。“有头脑”的人常常超时工作，把工作放在一切事情的首位。他们难以看到生活和工作中存在着灰色的中间地带，对他们来说不是白就是黑。

许多公司是由“有头脑”的人在掌管着的，结果在这些公司里缺乏愉悦的工作氛围和灵活的处事方式，因而导致员工的士气不振。

马克斯有着许多成功的标签，他如今是一家大型金融公司的执行董事，他曾参与了这家公司的创建。他本该满足于自己的生活，因为他很有钱，住在大房子里，还有相亲相爱的家人。但是他一点儿也不开心，他感觉到自己公司里有些事情不对头。赢利虽然过得去但远算不上丰厚，更重要的是员工们看上去都很压抑，公司里的气氛冷淡。这并不奇怪，因为马克斯不是一个受员工喜爱的老板，连他自己也意识到这一点，事实上很多员工都害怕他和他无休止的批评与责难。在一段时间里马克斯感到自己独断专行的工作方式很有效——虽然员工们害怕他，但是他们完成了工作。但到了最近他开始想到，是否有其他更好的方式来管理自己的公司。

显然马克斯就是一位只用头脑来工作的人，我们过一会儿再来谈论他的事情。

当然，那些只会感情用事，完全依靠右脑的情感、怜悯、同情和移情等方式来工作的人，也不会事事一帆风顺。一个“感情用事”的人不可能成为一个卓有成效的经理，他会把纪律和禁令抛到窗外，同事们会认为他是一个容易糊弄，软弱可欺的好好先生。

理想的平衡

你的目标应该是把心灵和头脑结合起来，在你的逻辑能力和情感世界之间建立一种完美的平衡，这就是所谓的从里到外的工作方式。一旦你开始了解自己，就有可能获得这种心灵和头脑之间的平衡。

把心灵和头脑结合起来会使你在工作中有智慧、有气度，能和他人分享成功，创造出一种气氛好、效率高的工作环境。当心灵和头脑达到平衡状态时你就能节约时间和精力，提升工作表现和作出有效的决定。

把头脑和心灵结合起来

不管你的头脑和心灵处于怎样的分离状态，但要在它们之间建立起联系可以很快很简单。第一步是要在左脑和右脑之间建起沟通的桥梁，这时你就可以开始用理智和情感结合的方式来观察你在工作和生活中的决定和行为方式，然后选择不同以往的新方法来做这些事情。如果你能坚持使用这种方式的话，有意识的努力将会演变成自发的行为。

练习1：*把左右脑联系起来*

这是一种能帮助你把左右脑联系起来的简单练习。

安静地坐着，闭上双眼。想象在你的右脑中有一朵红玫瑰，现在再想象在你的左脑中有一朵白玫瑰。接着想象调换这两朵玫瑰的位置，红玫瑰到了左脑，白玫瑰到了右脑。

人们发现这种练习非常有效，能增加大脑的能量和创造性，并能使人的身心得到放松。开始时每天做几次，连续做几个星期。以后你可以过几天做一次，或者你觉得需要增强左右脑联系时做——例如在你特别紧张的时候可以这样做。

练习2：*左右脑联系的扩展*

这个练习能够进一步加强心灵和头脑之间的联系。

画两个圆圈，一个标上“头脑”，另外一个标上“心灵”。

每个圆圈代表你的一个方面，其中一个可能比另外一个更完善和成熟，但是你在两方面都具有同样的内在能力。现在画一张图表，在这张图表中让两个圆圈稍有重合。这个重合部分就是你的心灵和头脑结合的地方。这是你真正的心脑结合中心，你可以在大部分时间里选择使用头脑的这个部分。

想一想你最近作出的三个决定，这些决定可能与你的工作或生活有关，也可能有大有小。是你的哪个部分，心灵还是头脑作出了这些决定？假如用你的心脑结合中心来作这些决定，结果是不是会有什么改变？

杰夫是一家渔行的经理，在某个星期五他面临一项困难的工作——裁减四名员工。渔行在一座小镇上，这里没有很多工作机会。杰夫知道他解雇的员工也要养家糊口，但他是一位头脑冷静的人，习惯于颐指气使发号施令的工作方式，而他的员工总是处在紧张不安的状态中。人们可以想象在那个星期五的下午，那些员工被召到他的办公室里，他不带任何感情色彩，简单地通知他们已经被解雇，然后再也不会去想到他们了。就在那天的晚些时候，有一位年轻的学徒找到杰夫，满怀同情地对他说：“解雇那些员工一定是一桩很为难的事情吧？”杰夫很吃惊——他并没有这么想过，他觉得自己只是处理了一桩公事而已。在这个周末里他一直在想着学徒对他说的话，也想起了那些失去了工作的员工。星期一上午杰夫对学徒说：“我一直在想这件事，你知道，我本应该在星期五做得更好一点的。”然后他给每个已经被解雇的员工打了电话，把他们请回来，听他们诉说有些什么困难，并且尽其所能地给予了帮助。杰夫这么做的起因是别人对他的触动，但他却因此重新发现了自己的心灵。

关于解雇四名员工这件事，杰夫最初的反应只是来自头脑。他已经切断了他与员工以至与他本人在情感方面的联系，他解雇员工的方式只会在自己的公司里产生更多没有幸福感的员工。显然杰夫对自己的行事方式也不满意，但是他有反思的勇气，并把自己失落了的情感找回来。当他打电话给被解雇的员工并向他们提供帮助的时候，他的这种行为来自得到了平衡的头脑和心灵。

正如杰夫的故事告诉我们的，把心灵和头脑结合起来并不意味着一定要改变决定——解雇四位员工还是必须的。但是它能改变你执行这个决定的方式，让当事人感觉到你的关心，也能让他们的自尊心不受到伤害。

我在前面提到过的执行董事马克斯就是一个只依靠头脑来行事的人。他因为对公司的现状不满意而到我这儿来求助。他来到我公司的时候垂头丧气，甚至没有注意到我的助手在向他打招呼。

马克斯向我诉说了他的担忧后，我要他做心脑联系的练习。尽管他很疑惑，但还是同意去试一试。我也要他开始检讨自己的工作方法。

几个星期后，马克斯满脸红光地到了我的公司，热情地向我的助手打了招呼。然后他告诉我他已经开始作出改变，并取得了显著的成效。他下决心去关注自己的每一位员工，并让自己的心灵和头脑一起来对事情作出反应。当他发现助手看上去不舒服时，他就提议让她休一天病假；有一位年轻员工说起自己已经成了父亲，马克斯就向他赠送了贺卡和香槟；另外一位员工把一单大生意做砸了，马克斯没有对她暴跳如雷，而是请她一起讨论她做错了什么，这样她下次就不会再犯同样的错误。

由于马克斯改变了他的行为方式，他注意到了两件事。首先，他开始享受到善待别人给自己带来的喜悦；其次，他发现办公室的氛围也发生了变化：更多员工脸上有了笑容，他们的精神也更振作了，公司里压抑的气氛消失了。“我以前从来不相信，只要对自己的工作方法作一些小小的改变，就能创造出如此的不同。”他这样告诉我。

像杰夫一样，马克斯发现把头脑和心灵联系起来很容易做到，也令人感觉愉快。他很喜欢由此带来的积极效果——他和他员工的职业生涯都因此得到了改善。随着时间的推移，马克斯能够作出越来越多的积极改进，他的公司也获得了更大的成功。

把头脑和心灵结合起来去工作

当头脑和心灵很好地结合起来并携手去工作时，就会有奇迹发生。只要多一点理解和同情，困难的情形常常就能得到化解，冲突的双方都能成为赢家。当员工们感到你把他们当人而不是机器时，他们就会把工作做得更好。当你用心脑结合的方式去工作时，就能产生以下十种积极的效果：

1．通过了解他人的观点和想法，你就能无往不利

无论是有人把事情搞得一团糟还要到你面前邀功，还是有同事就敏感事宜征求你的意见，你总能设身处地地为别人着想。当你能够在深刻理解别人的基础上进行换位思考时，就有可能得到更加富有建设性的成果。

2．你能够避免更多的冲突

一个用心脑结合方式来工作的人，总是设法找到适中的方法，

而不是直截了当地用行政命令甚至独断专行的方式去解决问题。你总是希望能以平和的方式来解决矛盾。

3．你会经常注意到自己的工作方法

就像渔行经理杰夫那样，你仍需要做你必须做的工作，但你会注意到自己的工作方法，使之带上一点儿感情色彩。

4．你会有更多的灵活性

当你采用心脑结合的方式来行事时，你就会愿意倾听别人的意见，接受别人的忠告，选择不那么直接的方式来达到你的目标。

5．愿意为他人花更多的时间

心脑结合的人会留意他们周围的人，了解到同事们在生活中发生的事情。花上一点儿时间来与同事们打招呼，与同事们谈一谈他们的健康、孩子和父母方面的问题，关注同事的穿着打扮，这些小事会给你带来很大的不同。当你能够这样做的时候，你不仅是与同事们在一起工作，而且还和他们建立起了一种良好的人际关系。

6．你学会了了解同事们的性格

与其事事亲力亲为，不如借用他人的力量，这样你的工作会更加有效。你会真正知道正在发生哪些事情以及各种可能性，而不是只有自己心中的假设。

7．你会更加懂得如何与人沟通

对沟通来说，最重要的因素是学会倾听，不要只用两只耳朵，而是要全身心地去倾听。沟通也能培养你言行一致的品格，这是一种宝贵的财富。与那些朝三暮四、变幻莫测的人一起工作是一场噩梦。他们之所以有这种行为就是因为沟通不良和自我封闭。说真话并且说到做到非常重要，这样同事们就清楚自己应该怎样与你相处，他们会看重你言行一致的品格。

8. 你更乐于承认自己的错误、缺点和短处

许多“有头脑”的人认为他们必须有完美的表现，以赢得尊重或取得成功。其实事实并不是这样，我们每个人都会犯错误，都既有长处也有短处。承认这一点并允许弱点的存在是一种人生智慧。

9. 你会更有能力去帮助别人发掘潜能

心脑结合的人往往有开阔的胸襟，他们乐于见到他人的能力和热情。他们有时间和精力去教导、鼓励和启发别人发掘他们的潜能。

10. 你会在工作和生活之间取得良好的平衡

假如你仅仅依靠头脑或者心灵来行事，你就很难取得良好的平衡，这两种方式都会导致你超时工作。但是那些心脑结合得很好的人具有一种智慧，他们懂得过犹不及的道理。一家大公司的总裁最近给所有员工发了一份电子邮件，他在邮件中写道：“我不希望在下午6点后还看见你们留在公司里。”这是一种聪明而慷慨的举动，他的员工因此能有时间来充分享受他们的私人生活。

那些心脑结合得好的人，甚至在承受很大压力的情况下也能从容不迫地做事，他们有适合自己的工作节奏，也能在对别人作出反应前先作一番思考。他们有强烈的自我认同感，是真正脚踏实地的人。

练习：让自己落到地上来

“有头脑”的人常常会处于头重脚轻的状态。由于头脑的负荷过重，那些仅靠头脑来工作的人常常会感到头部、颈部、肩部和背部的肌肉紧张。当这种情况发生时，让自己落地很关键。把你的能量中心从头脑里降下来，释放颈部和肩部的压力，是一种简单有效的方法。

花几分钟时间站着，让自己感觉到脚下的大地。让大地来支撑你，感受大地的强大和坚固。当你站在地上时潜心去感受你和大地

的联系。现在做几次深呼吸，同时放松身体并垂下双肩。想象你的能量从头脑里下移到腹腔中。

在开会前，或面对强大压力的时候做这个练习会很有帮助。你会变得镇定自若并且注意力集中，而不是显得紧张而匆忙。

让每一次会议都取得最大的成效

在大多数公司里，开会是公司生活的一部分，而我们大多数人都要去开比我们想象中还要多得多的会议。我所拜访的许多公司都是会议成灾，而且大多数会议都没有什么实际效果。有些会开得很长、很沉闷，能得到的结果只是使人感到失望和挫败，以及召开更多会议的恶性循环。这些会议并不能带给我们真正满意的结果。

然而，当你能以心脑结合的方式来工作时，你就能以不同的方式来看待开会这件事。只有能取得实际效果的会议才是有价值的会议，而且会议不应该占用人们太多的时间。有三种基本的会议形式可以很有实效，当这三种形式结合起来使用时，对有效地经营管理任何公司都会有好处。

1．周会

周会应该在上午上班时就开，时间不应超过20分钟。开好周会的关键是要让所有与会者站着，站姿能改变会议本身的动能，让每个与会者处于平等的站立状态能取得意想不到的效果。这样做能使那些常在会议上闭口不言的人踊跃发言，并能激励人们想出很多好主意。

2. 事先安排好议程的每月正式会议

这种会议是处理日常事务的标准会议。

3. 一对一的非正式会晤

这是一种能创造出很大不同的沟通方式。当老板走进雇员的办公室并且坐下来说道："请你告诉我，我怎样才能帮助你把工作做得更好。"坐在对面的员工开始也许会很吃惊，但是假如这种会晤是经常发生的，他们就会期盼和喜欢上这样的沟通。它能给双方创造一种以诚相见的机会，能把问题解决在萌芽状态，也能让大家有机会说一说心里话。当两个在一起工作的人能以这样的方式沟通时，就为在他们之间建立一种更富有成效的人际关系打下了很好的基础。如果你能真正了解与你一起工作的人，那么当你以后和他们一起面对困难或成功的时候，都会给你带来帮助。你会知道同事的性格、能力和意愿。经常保持这样的沟通等于是对同事说："我站在你的一边，我希望你能行。"

一家大法律事务所的部门经理对我说，她的员工因过度工作而士气低落。他们的时间都被无休无止的会议和工作报告所占据了。办公室里的气氛紧张并充满敌意，没有人愿意费时说上一声谢谢，更不用说花更多时间来互相了解。我建议她减少会议的数量，并要她使用第三种会晤方法，每周和每位同事进行半小时的沟通。一个月后她告诉我，她的公司里已经发生了变化，每位员工都开始有了工作热情。当她刚开始与员工做一对一沟通时，他们都吃惊不小，但大多数员工都喜欢有机会与她谈一谈自己的忧虑和想法。现在公司里已经有了一种更加热烈明快的气氛，人们脸上的笑容多了，工作效率也提高了，因为员工们感到了自己在公司里的重要性。

在会议室里放上一条小圆船

几年前我创建了名为“哥伦巴1400”的公益机构，旨在帮助社会各阶层的人发掘潜能并掌握领导技能。我知道最重要的是创造一种氛围，在这种氛围里人人可以表达自己的想法，并且他们表达出来的想法会受到别人的重视。

“哥伦巴1400”座落在美丽的斯凯岛上，以圣哥伦巴的名字来命名。圣哥伦巴于公元563年乘坐一条用木头和树皮制成的小圆船从爱尔兰逃到了苏格兰。他在罗纳岛上登了陆，并在那里创建了一所修道院，这就是苏格兰凯尔特基督教的摇篮。当我们于1997年开始为公益事业募款时，我决定以伟大的哥伦巴来命名我们的机构，这一年正是哥伦巴去世后的第1400年。我们决定制作一张小圆船形状的会议桌放在会议室里，这是我们放进公司里的第一件家具。

每当有新来的年轻人或来访者来到我们中心的时候，我们都会围着这张桌子用晚餐，然后引导来访者开始一场“小圆船式”的谈话。这是一种美洲土著人的谈话方法，拿到小棍的土著人有权发表讲话并参与小圆船的建造。我们大家围坐一桌轮流说话，只要愿意，你可以说出自己认为重要的事情。它或者是你当天遇到的一件打动心扉的事，或者是你生活中一件重要的事情，或者只是一个你希望与别人分享的小故事。这并不是一种如释重负的倾诉，而是在一个温馨宜人的环境里小小地抒发一下自己的感情。

最近有一批来自美国的学者到访我们的中心。他们告诉我们，参加小圆船谈话是他们整个旅行中最有意义的事情。这些学者习惯于参加商务晚宴，他们不会轻易向人打开心扉，他们常常感到焦虑和无趣。他们说，在小圆船晚餐后，他们感觉自己说出了一些心里话，并且得到了很大的收获。当他们离开小圆船的时候，觉得自己的感觉好多了。

这是一种任何机构都能采用的理念。大家围坐一桌，特别是在一起用餐，能创造出一种便于大家敞开心扉交流和沟通的氛围。

假如每个人都说出自己的想法，一件他们当天得知的事情，或者提出一个建议，整个公司就会受益。最终的目的是让每个人都来提升小圆船精神，每个人都是给予者，也是受益者。

“哥伦巴1400”的首席执行官是年轻的加拿大人莱恩·克里斯霍尔姆，他的到来给中心带来了一股清新的空气。他本人就是一个心脑完美结合的典范，每当遇到难题时他会说：“让我们把问题摆出来，把所有东西都放到台面上来，大家一起来商讨解决的办法。”这种直截了当而简单有效的方法让许多“有头脑”的人捏了一把汗。这种方法不仅行之有效，而且也带动了更多的人把他们的心脑结合起来。

培养与人交往的技巧

人际关系网络是当今的一个热词，这个词语包含的意思是要尽可能多地去与人交往，以建立起有用的联系并得到事业方面的便利。但是在我看来，人际关系网络是一个枯燥、被滥用而且没有内涵的词语，人们往往难以在其中找到真正令人满意的人际关系。然而，当你把头脑和心灵结合起来后，你会对培养交际技巧更感兴趣。我这么说的意思是要你真正地对他人有兴趣，与他们去谈论有关他们自己的话题，或大家都感兴趣的事情，这样就能建立起一种真正令人愉悦的人际关系，而不用你忙着到处去散发你的名片。

假如你喜欢与人交往，并且乐于扩大你的朋友和熟人圈子，良好的商业联系就会接踵而来。把人放在第一位，生意放在第二位，你就能取得成功。假如你把工作变成了你的自身，你就是一个思维方式单一的人，人们也就不会被你所吸引。

许多成功人士不能与他人保持良好的关系，这是因为他们感到紧张并对人际交往缺乏自信心。

我曾经辅导过一位年轻出色的政府部长。他坦言自己害怕任何的公开活动，在这些场合里他总是躲在角落里与一些无趣的人闲聊。当我们细察这种情况为什么会发生时，他说他对那些需要他出面的公开场合总是感到很紧张——他经常低着头快步走进房间，然后迫不及待地去找一个看起来能搭上话的人。通过多次练习，这位部长学会了从容不迫，他走进会场时放慢了脚步，面带着微笑，先自信地环顾四周，再与送饮料的侍者说上几句话（这一点也特别重要），然后他可以镇定自若地等待别人走过来和他说话。用这种方式他可以选择谈话对象，也能使自己得到掌控全局的感觉。几个星期后他报告说，他对社交活动的恐惧已经消失了，并且开始喜欢上了部里繁忙的社交事务。

只有当你感觉自己心态平静并能掌控事态时，才会真正对别人产生兴趣。紧张和焦虑使你不能很好地倾听别人并难以与人进行交流。能够成为一个善于交往的人，表明你已经在头脑和心灵之间建立起了强有力的联系。这是一种可以培养和反复付诸实践的技能，是非常值得去努力掌握的技能。

要培养与人交往的技巧，需要记住以下几点：

1．放慢脚步行走

开始时你会感觉不习惯，但坚持把步速放慢，永远不要匆忙。走进房间时要抬头看，不要低着头。

2．面带微笑

尽可能带着一种开朗、热情的神态出现在别人面前，面带微笑是吸引别人最有用的方法。

3．善于提问

多谈论与别人有关的话题，不要急于把自己的一切告诉别人。

4．不要急于谈生意

不要急于发名片，不要谈论与工作有关的详情，等以后适当的时候再来谈论这些事情。

5．与人保持联系

写一张感谢的小纸条，邀请人家喝一杯茶，或吃一顿午饭，送一张贺卡或者只是一个问候的电话都是保持联系的好办法。

我所认识的最好的现代沟通大师是约翰·米利根。他早年是一位矿工，如今他已经是一家庞大的石油井架制造公司的领导人。他现在已经是一位百万富翁，拥有一座美丽的乡间庄园。尽管如今他已经是富人了，但他从来没有变得盛气凌人，也没有停止过对别人的关爱。有一次他来到了一所漂亮的乡村俱乐部，他在这里赞助了一场高尔夫比赛。当走上台阶时，他停下脚步与门童聊了起来。他问门童是否已经吃过午饭，当门童回答说没有时，约翰立即安排他去吃午饭，在这个过程中他却让活动的主办者乱了套。这种对别人的善意和关爱对约翰来说是很典型的——他是一位善于与社会各阶层交朋友的人。他常常说，他一生中最大最好的交易就是他与朋友之间多年来建立起来的友谊。他总是与朋友们保持着联系，真正对他们有兴趣，然后他总是能轻松地等到做生意的机会送上门来。

保持头脑和心灵联系

一旦你亲身体验到了把头脑与心灵联系起来的成效，你就会希望一直保持着这种联系。而这就像生活中的其他习惯一样，只要你不断地加以实践，这种习惯就会自然而然地养成。精神紧张的时刻就是你又回复到只用头脑来处事的时刻，这时你需要让自己暂时休息一下，问自己以下几个问题：

1. 我是不是不管有多大的压力都能做到从容不迫？
2. 我是否要走开一会儿，让自己吹一吹风，做一下深呼吸和脚踏实地的练习？
3. 我是否能以公平和设身处地的态度来对待别人？

要记住，任何精神紧张的时刻都是短暂的，都会很快过去并且被遗忘。保持你的心灵和头脑之间的联系，你就不会冲动行事，去做出会令你后悔莫及的事情来，也不会对形势作出不恰当的判断。当你的心灵和头脑联系在一起时你就健全而清醒，你就能真正地了解自己，知道自己为什么在做自己所做的事情，也能清楚地看到自己会有怎样的未来。

第三章

善待自己

有许多人为成功付出了高昂的代价。我们都知道这样的事例：公司高管的腰围在日渐增大，骨瘦如柴的服装师却还在热衷于瘦身，急于向上攀爬的实习生靠药物来支撑精神，公司老板在下班后要借酒浇愁。我们之所以认识他们，是因为事实上他们存在于西方世界的每一个大大小小的公司里。

所有这些人与其说是在生活，不如说是在运行。他们找到了满足人生需求的方式，这种方式驱使他们超越合理的界限，在早该停步的地方还在驱使自己向前。他们会因此转而对食物、运动、药物、烈酒或工作上了瘾，以此来支撑他们有着巨大成功感的人生。他们所做的其实是在选择一种逃避，他们所选择的策略可以帮助他们回避真正需要面对的事，也就是我们大多数人都应该来关注的一件事——善待自己。

所有这些人，还有成千上万的像他们一样的人，都不懂得怎样来关爱自己，也不知道怎样来平衡头脑、身体和心灵之间的关系以得到健全的身心。在职场里缺乏自我关爱已经成了一种常态，在许多公司里，驱使自己玩命工作被认为是恰当的，甚至是必须的，结果就造就了一支封闭、狭隘和疲惫的劳动大军。你是不是也驱使自己超越合理的界限，无视身体给出的警告，并认为自我关爱是一件不必要的事情？

自我关爱是什么？

有许多人把自我关爱与自我放纵混为一谈，认为这是一种可有可无的奢侈品，其实这是大错特错了。自我关爱是基本的、适当的，如果缺乏自我关爱，我们就会产生精神、情感和身体方面的问题，会影响到我们在所有领域的表现，甚至会减短我们的寿命。

自我关爱与自尊和自重有关。假如你重视自己和自己所作出的贡献，你就会愿意作出努力去善待自己。关爱自己需要自律，还要作出让自己在精神上振作起来的决定。这种自律和自我振作包括所有的基本方面——健康饮食、适量运动、充足睡眠等等，也包括避免对任何刺激性物品和任何上瘾行为的依赖。自我关爱意味着需要对自己的人生作一次彻底的审视，在家庭生活和工作之间找到适当的平衡，在必要的情况下甚至不惜作出一些改变和调整。

对自己忽视绝不是一件聪明的事情，然而有成千上万的人却在长期地忽视自己，我希望你不要成为他们中间的一员。要从里到外地了解自己意味着你必须关爱自己，而关爱自己是一种可以培养的习惯，最终你也会喜欢上这种习惯。事实上等你养成了这种习惯之后，你会对有这么多人不懂得这么做感到难以理解。就像其他事情一样，只要你长期坚持，关爱自己就会成为你生活方式的一部分，这是一种值得拥有的生活方式。

有一次我参加一家英国大公司的董事会，围着会议桌坐着五位男士和三位女士。后来我知道，他们每个人都至少有一种严重的健康问题。有一位先生刚接受了心脏搭桥手术，正在大量服用药物；另外一位有不为人知的酒瘾；第三位身体过度肥胖；第四位有严重的阵发性抑郁症，正在接受长期的抗抑郁治疗。其他四位中有一位吸烟成瘾；一位女士看上去瘦弱得很病态的样子；还有一位在癌症的恢复期；最后一位有失眠症，不服安眠药就整夜不能入睡。然而就是这八个人正在作出会影响成千上万人生活的决定。

这很正常吗？我不这样认为。精神紧张和焦虑，以及它们带来的后果已经随处可见。这些人都是好人，他们富有献身精神，有专业技能并且工作努力，然而他们每个人似乎都完全不懂得关爱自己。

我曾经辅导过其中的一位，他是一位能干并且富有魅力的先生，但却患上了失眠症。当我问他是怎样照顾自己的健康时，他很茫然地看着我，然后说起了他是某私人健身会所的会员，而在过去的许多月份中，他只挤出时间去了三次。

在接下来的几个星期里，我和他共同制订了一份健身计划。在这份计划中并没有强度大、要求高的东西，只是对他的某些生活方式作了一些微调。他开始做一些日常的小运动，吃得更健康，并减少了待在办公室里的时间。他让自己享有更多的生活乐趣：他喜欢看电影，就让自己多去影院；他喜欢在野外散步，现在他一有时间就去走一走；他也花更多时间来和妻子女儿待在一起。

三个月后他又来见我，这时他看上去更健康了，他告诉我现在他已经不再需要服用安眠药了。多少年来他终于能够神清气爽地作出各种决定，自我感觉好极了。这位先生所做的事情任何人都能做，学会关爱自己就像给自己的生活注射一支能量和热情的助推剂，有谁会拒绝这样做呢？

你需要关爱自己吗？

用“是”或“不是”来回答下列问题：

你是否在你大部分的工作日中感觉疲倦？

你是否需要依靠某种外部的东西来帮助你做完每天的工作（可以是任何东西，如多喝一杯咖啡、吃糖果、饮酒或服用药物等）？

你是否很少甚至从不参加运动？

你是否经常感觉烦躁和抑郁？

你的体重是否过轻或过重？

你每天的工作时间是否经常超过十个小时？

你经常处于一种匆忙状态中吗？

你是否经常感觉孤独并且得不到真正的帮助？

你经常依赖快餐吗？

假如可能的话，你是否会对你的生活作出重大的改变？

假如你对这些问题中的任何三个的回答是肯定的，你就该反省一下自己的生活方式了。假如你回答“是”的问题超过了三个，你就到了该好好关爱自己的时候了。

选择健康生活

关爱自己就意味着要关注自己的健康。整天疲于奔命而忽视各种小病小痛会导致长期的健康问题，精神紧张造成的疾病已经成了西方世界的流行病。太多的人在退休后不久就去世，无法享受到美好的晚年生活。不要把关注健康看成一桩麻烦的事情，或把它添加在你已经排得满满的日程表上，这样做其实不是一种有效的方法。你应该把关注健康看作是对自己的奖赏和礼物，是一种真正享受生活的资本，这样你每天起床时就会感到欣喜，知道自己身体健康、精力充沛，这一切是你小小的自律加上一点观念转变带来的回报。

八种关注健康的简单方法

1．健康饮食

假如你不能在车里加上合适的汽油，汽车就开动不了。同样你的身体得不到适当的营养，你就会体弱多病。

健康饮食的规则很简单：

吃饱但不要吃得太多；

少吃或不吃垃圾食品、快餐和糖；

多吃水果和蔬菜；

少吃红肉、少喝酒类和咖啡；

喝足量的水。最新的研究表明，孩子在饮水充分的情况下对生长发育和学习都有利，这对成人也是一样。

2．适量运动

我们的身体缺乏运动就得不到伸展，因此会变得僵硬、迟钝和紧张。运动是一种良好的释放方式，能使我们自我感觉更好。选择自己喜欢的运动，然后经常去做。步行就是一种很好的运动方式，每次轻快地行走半小时，每周三到四次。

3．保持充分的睡眠

睡眠对健康的重要性经常被低估，而睡眠的好处又是我们每个人都能得到的。你最后一次关注自己的睡眠方式到现在已经有多久了？你是否能够不让自己过分劳累而得到适当的休息？只要让自己连续几个晚上，或在一个周末内都能得到充分的睡眠，我们就能在自己的性情、外表和工作方面创造出很大的不同。

直到最近我才发现，在装满热水的浴缸里泡上20分钟，喝上一杯催眠的甘菊茶，然后早早入睡，会有很好的效果。你何不也亲自来试一下呢？

4．别样的享受

对于超越传统的保健方式而言，与其说“另类”，我更青睐“别样”这个说法。有许多人会对这样的疗法感到害羞，但是克服你的保守思想还是很值得的。在一次因繁忙公务出差美国之前，我吃惊地发现我妻子为我预订了一次芳香疗法的按摩。结果这次按摩给我带来了缓解精神紧张和排毒的极好效果，因而我对妻子促使我去接受这样一个“别样”的疗法非常感激。像这样类似的保健疗法有很多，任何一种能使你得到放松、保持身心健康和增加幸福感的疗法都是值得考虑的。

5．放缓生活节奏

生活节奏过快会损害你的健康，而且这种节奏也难以持久——你的身心都会对其产生排斥，最终的结果不是得病就是崩溃。靠肾上腺素的支撑来过日子对人没有好处，而许多人就是在这样做。肾上腺素是一种在高度紧张的情况下身体释放出来的荷尔蒙，如果经常分泌的话会伤害身体，特别是对肝脏不利。

学会放缓节奏，以你自己感觉舒适的步伐前进，是一种值得面对的挑战。开始寻找放缓生活节奏的方法，用你的时间来造福自己和他人。例如你可以在两次约见之间休息一下，而不是立刻到日程表上去找事情做。

德高望重的多米尼克·米尔罗伊神父是英格兰最负盛名的天主教会学校、约克郡的安普尔福斯学院的前院长，他经常要在全国各地旅行，到各种会议或其他场合去作演讲。他经常说，他从来不会在外面作了演讲后，当天就赶回安普尔福斯学院。他的头脑、身体和精神都需要时间来恢复，只有这样他才能保证自己有充沛的精力来面对回到学院后的工作。

你是否知道在你完成了一项紧张的工作后，需要花多少时间来恢复自己的体力和精力？了解自己就是了解自己的需求，以便以更完美的状态来面对生活和工作。

我从别人那里学来的最有用的事情，就是在乘飞机的时候读一本小说，让自己放松一下，而不是在整个旅程中忙于处理公务。或许这才是一位身心平衡的、成功的行政人员应有的样子。

6．接受他人的帮助

在平时的生活和工作中我们常常觉得，选择、改变或作决定等事项是我们自己的事情。你在公司的地位越高，你就越少会去寻求别人的支持和帮助。许多公司总裁觉得自己作为决策者，不应该被人看见去寻求或依靠他人的帮助。

然而，一种指引的声音，一个充满智慧的建议，一次朝着正确方向的推动，其产生的价值都是不可估量的。这也就是为什么经常有客户需要我给予的指导，尽管他们中有许多是成功人士，但还是经常感觉孤独和无助。下决心去寻求帮助，无论是参加培训课程还是其他形式，是你给予自己的慷慨施予。

同样，来自私人健身教练的帮助可能会对你很有好处，因为这种帮助能使你的健身计划取得圆满成功。就我本人来说，在我小儿子的游泳课上遇到的“男人丹”就对我有很大的帮助。他既温和又诙谐，劝说我参加了健身和健康饮食的计划，而且使整个过程变得愉悦而不是枯燥无味。

7. 对自己诚实

对于这一点，我的意思是要有勇气去作出自己的判断，不管别人会怎样想，也不管你将为此承受怎样的压力，作出符合你个人价值观的选择并且坚持下去。假如你不这样做，你就会觉得对自己不诚实，而一旦你对自己不诚实，你的身心就不会健康。花一点儿时间来想一想你的价值体系和观念，特别是在面对复杂局面的情况下尤其应该这样做。我这样说是因为有许多人，甚至有一些年长的人，他们仍在把别人的信念当作自己的。首先要意识到自己的观念，然后准备好把自己的观念与别人的观念结合起来加以考虑，承认两者的差异并从中找出可能的共同点来。

8. 寻找生活中的欢乐

欢笑能给健康带来很大的好处。欢笑能极大地增加人们的幸福感，它的好处已经得到了广泛的记载和深入的研究。孩子们在一天当中会笑很多次，而作为成人，我们可能几天也不会笑一次。即便是微笑也有很大的价值，它能使大脑释放出所有有益的化学剂，能使你的精神很快振作起来，也能感染那些见到你微笑的人。去寻找欢笑的理由，尽可能多地笑口常开。假如你有孩子，那就和孩子一起欢笑吧。虽然人生很沉重，但我们应该让自己的生活总是充满愉悦和欢笑。

简是一位纺织公司的高层行政人员，她不仅要应付公司里要求严格的工作，而且也要负起一位妻子和两个孩子的母亲的责任。

她来见我时正在设法把每一件事情做好，但也感觉到空虚、疲惫和不堪重负。当我们开始谈话时，简意识到她关心到了每一个人，就是忘了她自己。她觉得自己也许该辞去这份工作。

然而，我们两人一起作出的一份小小的关爱计划起了很大的作用。她不再把孩子送到日托所，而是花钱请了一位好保姆，这样她就变得更加安心，也得到了更多的帮助，在时间安排上也更灵活了。以前简常常在两次会议当中吃一个三明治来充饥，也常常在孩子们入睡后再工作到深夜。现在她吃得更健康，也听从了我的建议，已经有两个月没有把工作带到家里做了。她为自己订购了每周一次的按摩服务，在长周末时还和丈夫一起外出旅游。两个月过去了，简告诉我她现在在精力和工作效果方面都得到了改善，她简直变了一个人。

在工作和生活之间取得平衡

在你职场内外的生活之间取得平衡，是关爱自己的重中之重。这种平衡比任何一种单独的自我关爱更加重要。

有太多的人感觉自己应当在工作上花更多的时间。在发达国家有这样一种文化氛围，就是人们以超时工作为荣，觉得这是一种美德，而不管这样做会给自己的生活带来怎样可悲的结果。当你经常超时工作时，你与伴侣、孩子和朋友之间的关系就得不到维系和发展，事实上这种关系常常会因此而受到损害。你没有时间从事其他的爱好，会显得狭隘而迟钝。你会把工作看得过分重要，你会用事业成败的眼光来评估自己，而无视真正的自我。在这种情况下有两种危险性：不仅你本身变得令人生厌，而且当你失去了工作时，你也会因此而丢失了自我。

没有哪种工作是值得超时去做的。所谓把工作做好，也包括每天花适当的时间去工作。当然有时的确会有加班的需要，但不应该每天都加班。

假如你觉得自己不得已要超时工作，那就问一下为什么。压力来自何方？是不是自我加压？是公司里的风气如此吗？你有一位严苛的老板，还是公司里人手不够？无论出于什么理由，只要你找到它，你就可以找出解决的办法并开始调整你的平衡。

你认为不可能做到吗？事实从来不是这样。只要你愿意作出改变，你就总能够做到。也许你需要放慢一些脚步，作出一些细微的调整而不是剧烈的变化，但变化的可能性总是存在的。

假如你对创造出一种更健康的工作和生活之间的平衡感到迟疑，那找一找原因会很有用。是不是工作时间的减少，会使你面对某种你一直在回避的现实，如在私人生活中没有伴侣，或要去面对一种令人不悦的人际关系。当我们作出调整时，我们生活中枯燥贫乏的方面常常会显露出来，我们会因此感到痛苦。意识到自己忽视或回避了生活中最需要呵护关爱的部分，是一件令人震惊和难堪的事情。但让真相显露总是一件好事，这意味着你得到了作出补救的机会。

你要记住，当你的身心越健康、生活越平衡的时候，你也就能更轻松自如地去应对你的工作和公司对你的要求。超时工作是一个自我增值的怪圈——你的工作会因经常加班而变得越来越依赖加班。从现在起就对超时工作说“不”吧！

萨拉有事业心而且工作用心，自从她到一家大型商业银行工作后职位一路向上攀升，现在已经身居高位。她工作努力，意识到自己作为一名女性，在男性统治的世界里打拼非常不易，因此她从来不敢请一天病假，而且每天都工作很长时间，常常下班回到家里已经是晚上10点。到了38岁的时候，萨拉在工作上已经取得了骄人的业绩，但她的私人生活却像一片干涸的沙漠。她几乎没有要好的朋友，至今单身一人，而且在长达三年的时间里没有交过一个男朋友。当萨拉回顾自己的生活并开始寻找某种平衡的时候，她才意识到是作出改变的时候了。在接下来的六个月里她开始减少自己的工作时间，发现在大多数日子里自己6点下班也能把工作做得很好。更加不可思议的是她的上司告诉她，因为她不再经常加班，他也感到如释重负。萨拉把从工作中节省出来的时间用到了社交生活当中，并且最终找到了自己的白马王子。

练习：你给所有的汽缸都点火吗？

我经常给客户做这个练习，以帮助他们找出自己生活中失衡的地方。要以最佳状态投入生活和工作，你就需要保持生活的平衡，这意味着你必须给生活中的六个“汽缸”均衡点火，假如其中有一两个熄火了，就会影响到其他所有的汽缸。

前三个汽缸与工作有关，我发现大多数客户在这个区域里表现良好。后三个汽缸与工作之外的生活有关，因为你的生活是一个有机的整体。许多客户常常会发现，在这个区域里他们有一两个汽缸熄火了，因为他们总是把自己的私人生活放在工作后面。

然而，所有六个汽缸都是同等重要的，给六个汽缸点火事关你生活的平衡。假如你不能给所有的汽缸点火，你生活的“引擎”就不能正常发动和运转。假如有一个汽缸熄火，引擎就难以达到全速，运行中就会产生疲软乏力的现象。现在花一点儿时间来检查一下所有的汽缸，看看你生活中的汽缸是否都能以良好的状态运行。

策略（意识）

这是一种从生活或事件中抽身后退一步，以深刻的洞察力和准确的判断来把握全局的能力。你能意识到自己所扮演的角色，能做出事前的计划并把握机会。

决策（聚焦）

在这个区域里你培育自己分辨事物重要与否的基本能力，并能以睿智和平衡的心态来作出决定。

兴趣多样（创造性）

你是否在生活中给创造性或其他与工作无关的兴趣爱好留出了空间？你是否跳舞、画画、唱歌、运动、爬山或做其他任何事情来释放心情？

个性（正直诚实的人品）

他人是否信任你并愿意与你合作？你是否了解自己并能在生活中进退自如？生活中的这个区域包括你与同事、家人、孩子和朋友的私人关系。

自我管理（毅力）

这条与你自我管理的能力有关，如时间管理、自律、掌握好生活中各种日程安排的能力等。

人性（服务）

人性覆盖了你与外部世界的联系。你会对自己居住的地区或社区作贡献吗？你会去帮助那些需要帮助的人吗？这个区域有关你的同情心和无私奉献的能力。

思考的时刻

找出自己在哪些区域里运行良好，哪些地方出了问题，或不够自信，这仅仅是第一步，接下来要做的是修复平衡。就像许多人一样，你发现有一两只汽缸熄了火，你生活中有一些被忽视的地方，你该怎样来作出改变，把熄火的汽缸重新点燃呢？

有时我的客户在这个阶段上急于采取行动，他们开列出清单，制订出计划和样板并试图以此来改变生活。但是我常常建议他们，不急于这样做往往更容易获益。在这个阶段，如果能花一点儿时间来思考、回顾和重新聚焦，则往往会有更大的收获。我坚信，只有冷却和沉静——让头脑冷静下来——你才能找到生活中需要的重新平衡的精神空间。所以与其急于采取行动，不如花一点儿时间让新的动因和自我认识自然浮出水面。

鲁迪·朱利亚尼在“9·11”期间担任纽约市市长。他常说，在生活中的艰难时刻他总会花上一点儿时间安静地坐一会儿，也许会去做一下颈部和肩部的按摩，然后再思考下一步的行动计划。温斯顿·丘吉尔也为思考和回顾所能产生的价值提供了范例。20世纪30年代他辞去公职回到他的乡间住宅，逍遥世外，用砌墙来消磨时间。那时他并不知道自己将在二次大战史和英国历史上永留英名，但当机会来临时他已经做好了准备。他花时间回顾了自己的人生，为自己的未来充足了能量。

茱恩是一家跨国公司的总裁，有一次他为自己精神紧张的问题前来向我求助。他做了汽缸测验并沮丧地发现，他的与工作有关的三个汽缸工作良好，家庭关系也不错，但是他的人性和兴趣爱好的汽缸出了问题。茱恩花时间思考了这种情况为什么会发生，以及可以采取哪些行动来作出补救。当我们再次见面时他满怀热情地告诉我，他曾经是一个跑步爱好者，也是一位业余的爵士歌手，他决定重操旧业，还准备参加半程的马拉松比赛。他还决定每周花几个小时的时间来指导一支本地的青少年足球队。现在他的六个汽缸都运行正常，茱恩感觉轻松愉快，工作效率也更高了。

焦虑带来的困惑

焦虑是一种现代瘟疫。焦虑使人变得虚弱和沮丧，假如任其发展就会损害到你的健康和幸福，以至于你难以关爱自己并失去生活中的平衡。我的许多客户有成功的人生，但他们自己却不这样认为。他们的生活长期被焦虑的乌云所笼罩，难以享受到生活中许多美好的东西。

那么他们在担忧什么呢？他们担忧一切。我们都有许多担忧的理由：这单生意能做成吗？我的饭碗能保住吗？我能拿到退休金吗？我怎样来应付眼前的资金短缺呢？我的婚姻能维持下去吗？孩子们的困难能解决吗？

假如你有焦虑的倾向，要打破它不是一件容易的事情。以下简单的技巧可能会对你有所帮助。

聚焦于成功

没有焦虑倾向的人自然而然会这样做，但你也可以学会这样做。当忧虑和困难出现在你心里时，拒绝去想它们，用能给你带来愉悦、成功和乐观的积极思维来取代它。例如，你可以用“上笔生意很成功，这一笔也一样能做好”的想法，来取代“这笔生意能做成吗”的担忧。当某种担忧在你心头驱之不去时，它自然会变得越来越严重，积极思维也是同样——它会变得强有力而改变你的感受，因此而影响到你全天的心情。

花一点儿时间来排毒

这是一件能经常做的有益的事情，也许可以在一天开始和结束的时候来做。花几分钟时间听一段美妙的音乐，观赏一片美丽的风景，或者只是在寂静无声中潜心倾听，在这个过程中排除心头所有的杂念。这种精神“排毒”能产生神奇的效果——假如头脑能得到清空和休息，就会产生出新的想法和能量。拉里·麦克穆特瑞在他的《寂寞之鸽》这本书中写道了伍德罗·考尔船长是怎样采用这种方法的：“这是他经常做的一件事——走开一会儿，这样他就能独自一人安静地沉思。在困难的情况下，他的头脑常常会因为思考过度而感觉疲劳。他会让自己在一段时间里沉静下来，沉入到一片空白中，只有意外情况的发生才会打断他的沉思。”

懂得哪些事情才是值得为之操心的

有一个故事能很好地说明这一点。马默杜克·赫西当时是《时代》周刊的执行董事，后来他成了英国广播公司的主席。他曾经对他的好友、当时的英国首相亚历克·道格拉斯·休姆爵士说：“你有这样多的烦心事，怎么能够应付得过来？”亚历克回答说：“我只担心我能起作用的事情。”当你无法改变或影响到一件事情的时候，不要再去想它是一种人生智慧和对自己的解放。有些事情你能改变，有些你不能，先从学会找出两者之间的区别开始。

我有一位客户在我们第二次会面时承认，他的生活中充满焦虑。他总是忧心忡忡，最终忧虑成了他的生活习惯。当一种担心已经被证明不必要时，他会找到另外一种取而代之。我鼓励他在每天开始和结束时采用精神排毒的方法，把注意力集中到生活中美好的方面，而不要再被心中的忧虑所缠绕。这样做需要学习和练习，但过了几个星期他告诉我，他感觉自己更自信、更愉快了。当他养成了这样的习惯后，他开始更多关注生活中美好的事情，就像他以前只关注生活中的阴暗面一样。他对我说：“有趣的是，当我真的遇上麻烦时，我也能更加从容地应对了，我现在不会老是缠住它们不放了。”

知道何时该停下脚步

假如你的生活平衡，你能很好地关爱自己，你就会有智慧懂得“足够”与“太多”之间的区别。许多人不懂得何时应该停下脚步，因此导致了一系列问题的产生。这种区别可能是一笔好生意和一笔大生意之间的区别，也可能是一场枯燥无味的演讲和一场富有启迪的演讲之间的区别，还可能是保持头脑冷静和丧失理智之间的区别。

我们生活在一个奉行“我想要，我现在立刻就要”这样短视的人生哲学的社会里，但是聪明人懂得最好的行动时机往往不是现在这一刻。在恰当的时机结束一场会议并安排另一场会议，可能比无休止地延长会议时间，直到让每个与会者都精疲力竭更能取得实效。

我们每个人都有自己认为“足够”的底线，假如超出这条底线我们就会感到难以承受。我们会感觉紧张、疲倦和烦恼，会感到头痛或变得失态。

自我激励

关爱自己意味着需要自我赞赏和激励。归根到底，假如你对自己的才智、努力和成就不加认同和赞赏，你怎么会对自己有良好的感觉呢？而你对自己感觉不好就难以享受你的全部人生，也难以让你自己得到应有的关爱。

我的客户们初次来见我时，常常对生活和工作中的某些方面感觉泄气和沮丧。当我见到他们处于这样的状态时，就会要求他们给我讲一讲他们自己的成就、才能和福分。虽然开始时他们会有一些迟疑，但一旦开了头大多数人还是很喜欢这样做的。他们会对我讲起他们生活中的美好事物，而这些美好事物往往已经被他们遗忘、丢弃或束之高阁了。通常他们到后来会告诉我，通过回想起自己的成就和幸福，他们会感觉自己有很多值得为之生活下去的东西，他们的精神由此得到了提升和激励，他们能够勇敢地去面对明天。自我激励并不是自我吹嘘和沉溺，它是一种提升精神，客观看待自己的正确有效的方法。

我曾经指导过一位先生，他不仅过于苛求自己，也过分苛求他周围的人。他是一位保险精算师，所做的工作是计算保险风险。他是一个绝顶聪明的人，但是在公司里却不招人待见。他是一个追求完美的人，精明强干而且容不得一丁点儿的错误。任何人向他提出建议或计划，他会立即无情地指出其中的不足和潜在的风险。

我们在一起探讨了他存在的问题。他意识到他的父亲曾经对他要求严格，而他的行为实际上是在寻求别人对他的认同和接受。当我要他回顾自己的成就和美德时，他感到惊讶和不安，但他很快发现自己有许多值得骄傲的地方。通过这样做他达到了一定程度的自我接受和认同，由此改变了他的人生观。

接下来他所采取的步骤，是要让自己学会接受失败，所以他参加了古老的苏格兰体育运动——冰壶。通过参加这项活动他不仅学会了面对失败，而且还交上了新朋友，朋友们都认为他是一个值得交往的伙伴和队友。这样做的结果是他能以更柔韧、对别人更宽宏的方式去工作，他成了一个愿意帮助和指导别人的人，这是一个值得称道的大变化。

探索你的精神世界

在关爱你身体健康的同时，也不要忘了探索和培育你的精神世界。作为人类的成员，我们都有深入领悟和理解事物的能力，假如我们不去探索我们自身的各种可能性，我们就会错失一种由发现自我而得到的深刻的满足感。相信生活是有目的和意义的，相信我们是一个整体中的一部分，有一种力量能在我们需要时给我们以支持，这对我们成为一个心智健全的人来说至关重要。当精神上的领悟到来时，不管它以何种方式出现，都会给我们带来成就感和圆满感，这种感觉是丰富的、深刻的，能让我们从俗世和日常生活中超脱出来。

有许多人回避了生活中的精神领域，他们在忙于生计的同时把精神生活搁置到了一边。但是培育精神生活——我们都有精神生活——并不困难，而且能给我们的人生带来支持和帮助，能够提升我们平庸的生活方式。没有精神生活的维度，我们的人生将是单调且没有方向的，我们的生活也会是一片荒芜。

对有意提升自己精神生活的人有许多道路可走，但这些道路最终都引向个人内心的平静和满足。米兰的圣安布罗斯曾经说过："开始去寻找你内心的和平，一旦找到了，你将能把这种和平带给他人。"怎样才能找到你自己内心的和平有待于你自己去探索和发现，这件事与你探明自己的心灵与外部境况的融合程度有关。内心的宁静可能会在壮丽的落日时分降临，也可能当你漫步于美丽的沙滩时出现，还可能出现在一个有幸福和关爱的地方。内心的宁静也许可以从现存的宗教信仰中找到，或是通过某种私人的精神修练获得，比如说去冥思。

假如你准备从精神和身体两方面来训练自己，那么精神方面的训练道路将会更加具有挑战性，也更加令人兴奋。确实，开始你自己个人的精神之旅是认识自我的最基础部分——你将会发现你是谁，你为什么会做你现在所做的事情，以及你会有怎样的未来。培育你的精神生活会给你带来更高境界的平静和知性、健康和从容。它会使你忘记昔日的是非，了解人生的旅程，无论你受到何种打击，它都会让你保持身心的平衡。

练习：做ACE测试

这是一种非常简单但是很有用的小测验，你可以用它来对你的生活做一个快速的回顾。这个测验只要花几分钟时间，但会让你获益匪浅。问一问自己，你在生活中以下的各个方面各有多少投入：

Achievement 成就

Contribution 贡献

Enjoyment 享乐

假如你在以上三个方面的投入是均等的，你的生活就处于很好的平衡状态。如果在某一方面有所缺失，例如你取得了很大的成就，也作出了很多贡献，但是却很少有生活享受，你就可以开始作出相应的补救来重新取得平衡。一旦取得了生活的平衡，你也就获得了一切。

第四章

把家里的你带到职场中去

有许多人过着两面的生活，他们在工作场所是一个人，到了家里却成了另外一个人。这是不是很奇怪呢？听我来解释——我常常发现，有些人在家里是一个温情的伴侣或父母，但是早上一走进办公室，就变成了一个待人严厉粗暴的人。有些人在餐桌上是一个富有爱心、乐于分享和神态轻松的人，但是到了会议桌上却变成了一个紧张、固执和挑剔的人。

在这一章里，我将讲解把家里的你带到职场去的重要性——这就是说，在所有场合你都能成为一个健全的、善于思考的、富有情感的和有相容性的人，而不仅是在私人生活中你才有这样的品质。如果家人和同事对你的看法不一样，那是因为你已经割裂了自身，把一些本来能够提升你工作表现的重要品质留在了家中。我相信做真正的自己对我们所有人都很重要，无论我们在哪里，无论我们在做什么，我们都应该与自身的优点、缺点和个性同在。

我曾经辅导过一位高级公务员的丈夫，他给我讲述了他的妻子是怎样在工作中具有双重性格的。这位天资聪颖的女士感觉难以带动她的团队，所以她请我去为她提供一些帮助。在私下见过几次面后，我花了一天的时间跟着她参加各种的会议，在这一天里还安排了她和她丈夫一起用午餐。她丈夫在家里工作，还照顾着他们的两个孩子。当我们谈到需要集中精力去做的事情时，她丈夫靠到椅背上对我说：“你说得不错，但是有一件事你不知道，她从来不把在家里的性格带到工作中去。”

他继续解释说，这位慈爱的妈妈在早上把孩子送到学校后，因为要上班心里就开始紧张起来，直到她完全变成了另外一个人。她喜欢唱歌，喜欢在周末学校里给人上课，还喜欢与家人一起到野外去骑车。但在一走进公司的旋转门之后她就变成了一个锋芒毕露、作风严厉的女人，在公司里她从来没有时间与别人做私人的接触和交流。

当我和她一起回到办公室里的时候，这一切就显露无遗了。当她在与上司通电话时，我与她部门里的一位研究员安妮聊了起来。安妮告诉我她开心的事情，她的三女儿刚从格拉斯哥排名第三的卡利多尼亚大学毕业。而她的大女儿从排名第一的格拉斯哥大学毕业，二女儿从排名第二的斯特拉斯克莱德大学毕业，这真像是一场别具一格的帽子戏法。当回到客户的办公室里时，我对她说起了安妮为她女儿的成就高兴的事情，她茫然地回答说：“安妮，哪个安妮？”

与她部门里如此重要的成员也缺乏交流和沟通，反映出我的这位客户在工作中承受着极大的压力。她在家里是一位轻松的母亲、妻子和歌手，她本该对她每天都见到的同事有所了解。然而她像许多行政人员以及其他在职场中各个层次的人一样，把自己对家人和对同事的性格区分开来了。

恐惧与谬误

为什么有这么多人在家里和在公司的表现完全不同，原因是出于一种恐惧心理。他们不愿意放弃戒心，被人看上去软弱、窝囊或成为别人的批评目标。他们想象如果自己保持开放姿态，让别人了解自己，或稍有松懈的话，别人就会在他们背后插刀。因而他们总是处于紧张和戒备的状态，认为只有这样才能在把工作做好的同时保护好自己。

事实上事与愿违。你在工作中越是态度紧张僵硬，你就越变成一个思维狭隘的人，就越难以获得成功，也难以受到别人的欢迎和喜爱。而当你把家里的自己带到工作中去的时候，你就会显得更人性化，更风趣，更能与工作节奏合拍，工作也会更加富有成效。

在一次为政府机构举办的领导艺术培训课程中，我请大家参加交换个人信息的练习。直到在做练习的时候，两位同事多年的女职员才发现她们都喜欢芭蕾。更令人吃惊的是，两位董事会的男性成员发现他们都支持同一个足球队，而且每个周六都去参加助威活动而不知道对方也在现场。由于分享了个人资讯，新的友谊和联系建立起来了。在这次课程过后不久，这个团队在工作上遇到了很大的困难，受到了公众的责难和政客的诽谤。由于大家加深了友谊和理解，团队成员团结一致渡过了困难的阶段。

女演员和歌唱家贝蒂米勒在她旋律优美的歌曲《玫瑰》中，唱出了假如你害怕成为完整的自己需要付出怎样的代价：

害怕破碎的心永远不会去学跳舞，
害怕醒来的梦永远不会有真正的机会，
不想给予的人永远不会有所获，
害怕死去的灵魂永远不懂得生命。

人们也常常认为，把自己的家庭生活和职场生涯分开是正确的。他们认为在工作场所谈论自己的家庭生活是一种越界行为，结果他们常常会显得单调乏味少人问津。

一位年轻的澳大利亚银行职员被他的同事们认为是一个乏味而毫无生气的人，他缺乏自信，总是小心翼翼地避免谈论他的私生活，因此同事们认为他走出办公室后也一样是个无趣的人。

这位年轻职员参加了我在他公司里举办的培训课程，在休息的时候我们有几个人聊起了自己的生活。这时年轻职员说出他已经有了两个年纪分别是一岁和两岁的孩子，而他的妻子还想要第三个。在谈到家人时他的脸上有了光彩，他变得热情、温暖并且充满爱心，成了一个完全不同的人。他的一位同事感到很惊奇，说："我从来不知道你是一位父亲。"年轻人回答说，他原来以为他不应该在工作场合谈论自己的私生活，别人也从来没有问起过这些事情。

这个故事说明的道理是，"不要等到别人来问"！从第一天开始就做你自己，谈一谈工作之外的生活、爱好和家人。这样能创建友谊，使你在同事面前成为一个更丰富、更有趣的人。

假如你在工作中只是投入了自身的一部分，那么你对工作、同事和生活的态度都是有所保留的。把你在家里的自己带到工作中意味着在所有的时间里你都能做一个完整的人。当然，要这样做的话你就必须了解自己，必须把你的头脑与心灵结合起来，把你自身中温暖、善良和随和的个性与严厉、戒备和决断的个性结合起来。

这样的结合要比许多人每天都在做的性格转换省力得多，也要比你想象的容易得多。当你对同事们保留起自己性格的一部分时，你觉得自己是在小心谨慎地做事而不会引起别人的注意。但这只是一种幻觉，因为只有做你自己，把你的个性坦诚地公之于众，才是让你得到满足和成功的正确方法。

当“哥伦巴1400”的执行总裁莱恩·克里斯霍尔姆还在美国管理协会工作，并且领导着他们的企业“年轻人领导艺术培训课程”时，他受邀到一个美国土著人的会议上去作演讲。他不知道自己该怎样着装，最后决定以“美国同代人”典型的穿衣方式出场。但是当他到了会场后，发现美国土著人的代表们都穿着正装，他开始后悔自己穿着太随便，这使他成了在场的另外一种美国人。

过了一年他又被同一个会议请回去作演讲，这次他没有再犯错误。他没有去迎合众人的穿着，而是穿上了他祖先的苏格兰传统服装——苏格兰短裙。不仅他本人感觉很自在，那些美国土著人也同样很高兴，热情地欢迎他作为自己民族的代表出场。

我们常常认为随大流和不显山露水是恰当和安全的。然而总是有这样的人，就像这个故事里的美国土著人一样，希望我们能保持自己的个性，做真正的自己。

练习

在家里你是谁，在公司里你又是谁？想象一下别人对你的评价，然后把这些评价分别且简要地写出来。先写家里的，然后写在公司的。这两种描述是否互相匹配？你在家里和公司里的性格分别是怎样的？是不是有很明显的差异？

把这些文字给你的同事和家人看，观察一下他们有怎样的反应，会是一件很有趣的事情——当然你不一定要这样做。这种练习的真正价值在于你能发现自己，发现你在家里和公司里的行为差异。

全新的你

当你把家里的自己和职场里的自己结合起来后，会有很大的收获。有些客户曾经对我说起过这样的转变，说他们感觉自己变成了一个新人，有了一种全新的开始。你对工作的态度，工作在你生活中应有怎样的地位，以及你本人在工作中扮演了怎样的角色等等，你对所有这些问题都会有更加积极的看法。你会比以前更愿意去上班，而到了公司里的时候，你也不会像以前扮演“双重角色”时那样紧张和态度僵硬。你会发现自己更善于去激励他人，更能带动别人出色地工作。你也会发现自己的工作更有成效，更敢于面对挑战和作出决定，你前进的动力比以前更充足了。

以上最后一点是特别有意义的。在一天的大部分时间里，你都保持着一种僵硬紧张的姿态确实需要消耗很大的体能。而且当你在工作中和在家里的表现差异很大时，你必定是处于紧张状态中的。这种个性分裂的方式会让人精疲力尽，消耗了大量你本来能用在工作中的能量。

当然，在一定程度上我们只是向外界呈现出外表的一面。但是让这个外表的一面放轻松一些，让别人能看见你外表后面隐藏着的人性，这就是我们内外结合的目的。把家里的自己带到工作中，意味着让同事们看见你在个性上的那些很重要的方面，看见你对重要人生问题的真实想法，看见你的希望和梦想。

诗作《邀请》创作于1994年5月，它的灵感来自一位美洲土著长者奥里亚·山地·梦想家所说过的话。这首诗是对我们自身的完美总结：对我们来说什么才是真正重要的，在我们外表后面隐藏着的是什么，并希望人们相互之间能有更深入的了解。

你何以为生，我并无兴趣。

我想知道你为何如此痛苦，

你是否敢于在梦里满足你心灵的渴望。

你多大年纪，我并无兴趣。

我想知道你是否敢于因为爱而不惜丢失脸面，

为了人生的勃勃生机而去做梦、去冒险。

你的月亮上方是何种星球，我并无兴趣。

我想知道你是否触动过你的心头之痛，

你是否被生活所欺骗，或因害怕更多的痛楚而畏缩不前！

我想知道你是否敢于与痛苦同在，我的或者你的，

而不是隐藏、淡化或消除那些痛苦。

我想知道你是否敢于与幸福同在，我的或者你的；

你是否敢在荒野里跳舞，让快乐浸透你的全身，

而不是告诫我们要小心，要现实，要步步为营地做人。

你讲给我听的故事是否真实，我并无兴趣。

我想知道你是否敢于对自己诚实而不惜辜负他人，

敢于承担不忠的骂名而决不背叛自己的灵魂。

我想知道你是否因忠诚而受人信赖。

我想知道你是否能看见生活的美好，尽管每天的日子是那样的平淡，

你是否能在生活中得到上帝的恩惠。

我想知道你是否能与失败同在，我的或是你的，

挫败时仍能站在湖边对着明月大声呼喊："耶！"

你住在哪里，是否有钱，我并无兴趣。

我想知道你在度过了悲伤、绝望、忧虑和彻骨伤痛的一夜

之后，

是否还能照常起床，去为孩子们做该做的事情。

你是谁，从何而来，我并无兴趣。

我想知道你是否能和我一起经受大火的历练而决不退缩半步。

你曾在何地，与何人，学会了何种本领，我并无兴趣。

我想知道当一切都坍塌的时候，是什么在支撑着你的内心。

我想知道你是否能与自己单独相处；

是否在空虚的时刻真正喜欢你的同伴。

诗人想知道你是谁甚于你在做什么，是什么在支撑和激励你的精神甚于你的外部成就。当你在寻找自我的时候，问一问自己这些问题也许会使你获益匪浅。喜欢自己，了解自己，平静地面对真实的自己，是把你在家里和在职场中的双重人格结合起来，并且有勇气把家里的自己带到工作中去的基础。沿着这个方向你会与同事们建立起更有意义的联系，也更有利于你去激励和促进他们的工作。

苏希在16岁的时候就急于退学，这使她的父母感到惊慌失措。尽管她在各方面都很出色，但她却感觉自己再也不想在学校里待下去了。

有一天她的德语老师请她在课后喝咖啡。这是一种不平常的举动，但是苏希喜欢这位老师，也知道自己热爱他所教的课程。老师带着德国口音，在变成英国公民的过程中吃了很多苦头，尽管在二次大战时他还只是一个孩子。他的许多学生把他的容貌和口音当作笑柄。苏希坐下后老师对她说："如果你努力的话，就可以去上剑桥。"苏希意识到老师并不是要她的陪伴，而是要帮助和鼓励她——他对她有信心，并愿意让她知道这一点。

后来苏希真的到剑桥去学德语，学成后成了一位德国文学专家和有名望的公共演讲家。现在她已经身居高位，她很感激老师给她的帮助。她说：“当一位伟大的教育者敢于打破陈规，把他的力量和信仰带给他的学生时，这对学生来说是来自上天的启示。”

我们大多数人都能找到一位在我们人生的关键时刻曾经给我们鼓励和启示的人。我们又何尝不愿意把这种鼓励和启示传达给其他站在人生转折关头的人呢？然而，一个只有一种维度的人是永远不会这样做的。只有具有健全的身心和人格，具有完整自我的人才有可能这样做。

练习：KWYA测验

KWYA测验很有趣，你可以把它称作“合唱”，因为它涉及你在生活和工作中唱的是什么调子。这是一种认识你自己的天赋、能力和爱好的有用方法。在领导学培训课程中我经常让客户们做这个练习，每次都会有令人惊奇的结果。

最好围坐在一张餐桌周围来做这个练习，参加练习的人结成对，让每个人都和他不太熟悉的人合作。在用餐期间两人要互相谈话，并且尽可能多地去了解对方。然后每个人要把他的谈话对象介绍给大家，并根据以下的方面作出概括：

K　知识、技能和天赋

W　经历的丰富与智慧的分享

Y　生活和工作中的价值观

A　目标和雄心

听别人当众讲述你的才能、天分、经历、价值观和梦想是一种难得的体验。许多人觉得这样做能使自己从完全不同的角度来看待自己，最常见的反应是：“我真的是这样的吗？”

格莱格是一位公司职员。他工作专心而且对事业忠诚，他已经在同一家公司工作了很多年，并已经从底层爬上了高位。他有妻子和女儿，但他经常把工作放在家庭生活的前面。他的工作作风严厉，而且经常是最后一个离开办公室的人。

有一个星期五，格莱格宣布他将于下午3点提前下班，到他14岁女儿的学校里去看她在音乐会上的表演。同事们都为此感到吃惊不已，有人甚至怀疑他是不是遇上了什么麻烦。事实上并没有麻烦，而是他作出了一个改变自己的决定。格莱格曾外出参加了一天的培训课程，在这一天里我们做了KWYA测试。他听他的餐桌伙伴描述了他对女儿的深爱，这使他感到很震惊，并且对此想了很多。他意识到自己对一个陌生人讲了自己女儿最应该知道的事情——女儿对他来说比任何事情都重要。他还意识到自己严厉的工作作风，很大程度上是因为让女儿的生活与他自己的生活分开而造成的。格莱格觉得，现在是认识生活中什么事情是最重要的时候了，而这个星期五的提早下班，是他让自己变成一个更加开朗、温情和快乐的人的开始。

把分开的自己合起来

那么，怎样才能把你在家里柔和、温情和健全的那一半带到工作中去呢？你需要做什么才能得到这样的改变？有些客户对我说：“你说的道理是对的，但我现在到底该做些什么呢？我在工作中这样做已经有20年了，要我变成另外一个人我做不到。”

这话说得有道理，我也并不是要你立马来一个“洗心革面”，或者在星期五下班是一个样子，到下星期一上班又变成了另外一个样子。把家里的自己和职场里的自己结合起来是一个渐进的过程，需要时间、用心和努力。

开始的时候你可以想一想，在你家里的那一半中你最喜欢的是什么，哪些性格是你最想把它们带到职场里去的，然后就是一个逐步去作出改变的问题。例如，花一点儿时间去记住门童或接待员的名字，询问一下他或她的身体状况，而不要在走进公司的时候低着头，旁若无人地直冲电梯间。或者在你召开下一个会议的时候不要搞得那么正式，气氛可以更轻松一点儿。或者少喝一点儿咖啡，过量的咖啡会给你带来头疼和神经紧张的问题，你可以在办公桌上放上一杯水。把家里的自己带到工作中意味着你处事更有耐心、更开放、更宽宏大量和体谅别人。你会在工作中更善于倾听和观察你的同事，也更愿意与他们一起分享你的人格魅力。

要这样做你需要卸下盔甲，变得更加富有人情味。不要害怕去向别人求助，要承认自己不是什么都懂，要善于在工作中与别人合作。不要害怕放声大笑，不要害怕帮助别人和接受别人的帮助和劝告，要慷慨地与别人分享你的时间和兴趣。

把你家里的一半带到工作中去的简单方法：

1．以人为本

与同事们建立起良好的关系，以微笑待人，善于谈话并经常询问同事的情况。留意别人的新发型、漂亮的领带或重要的个人事项等。

2．轻松自如

身体紧张能使我们在工作场合显得僵硬拘谨，可以做一些简单的放松体操或深呼吸来缓解紧张情绪。

3．心怀希望

假如你上班时就希望这一天过得好，你就更可能有愉快乐观的心情，你会面带微笑而不是皱着眉头去上班。

4．允许犯错误

不管这一天过得多么顺利，总会有出错的可能：比如会议开得太晚，有人做错了事，生意没有谈成等。假如你有了这样的心理准备，你就能从容应对，始终保持头脑的冷静。

5．做出乎人们意料的事情

不时做一些人们意想不到的事情，来改变工作节奏和缓和工作气氛。如给某人送一件小礼物，给大家放上半天假，请同事们吃一顿午饭，或相约出去玩一次等，花样可以变化无穷。

6．看见别人的长处

看见和赞赏同事们作出的努力，不管是什么人，对他们表示感谢，对出色的工作加以表扬。

7．让工作空间带上私人色彩

你在公司要待很长时间，不管工作空间是大是小，放上一些私人照片、剪贴、鲜花和装饰会使你感觉愉快。

8．发现有趣的事情

无论这一天发生了什么，只要你愿意，总能从中找到能让你会心一笑的事情。

9．与别人分享你的新闻

假如你的生活中发生了什么事情，特别是开心的事情，那就把它告诉大家，请大家分享：如孩子考试成绩不错，你昨天玩高尔夫很开心，或跑步比赛得了奖——无论是什么事情，大家都会喜欢听。

10. 把握分寸

生活中不是只有工作一件事，从长远来看，甚至它也不是最重要的事，所以不要让工作来主宰你的生活。

无论在你的一天中发生了什么，要记住紧张、焦虑对解决问题无益，也不会使你的生活得到平衡。

亚历克是一位经理，他把家里的自己和工作中的自己区分得很清楚。他的朋友和家人都认为他是一个好心人，但在公司里他却是个态度蛮横的人。他最近被提升为部门经理，由于感到自己力不从心，他格外认真地去履行这个职务。他每天早早上班，责骂哪怕是迟到了 5 分钟的人。他自己卖力工作，希望员工也像他一样，但是即使员工们做到了，他也难得表扬他们。他反而不肯放过员工们的一丁点儿差错，嘲笑他们使他们感到抬不起头来。他的这种求全责备的工作作风使员工们感到紧张、自卑和担忧，许多人开始寻找其他工作。

当我见到亚历克的时候，他正对自己上任以来员工流动性的增加和工作业绩的下降感到迷惑不解。他过了一段时间才认识到，正是自己不良的工作方法造成了如此严重的后果，但一旦他认识到了这一点就急于作出改变。我建议他做的第一件事情，是不要再去对员工们吹毛求疵，而是要看到别人的长处——比如有许多员工是准时到岗的，迟到的不过是一两个人。他也开始愿意对员工做得好的地方给予表扬，他对员工更加宽容了。过了几个月亚历克报告说，在他的部门里，员工士气和工作效率都得到了明显的提升。当他用每月一次的午餐和更灵活的工作时间来奖励员工时，所取得的效果就更加明显了。

全方位受益

显然，不把你在家里的个性带到职场去肯定不是一个好主意。当然，我们当中有些人能从相反的方向得益——即把工作中的个性带回到家里去。我们偶尔能遇到这样一些人，他们在工作时比在家里更轻松愉快，但是这种情况并不多见。对我们大多数人来说，在家里时的性格总是更加随和、开朗、宽容和慷慨，这些都是能给工作环境带来巨大好处的品质。把家里的自己带到工作中去，是一件值得为之付出努力的事情，这种努力会为你带来改善工作环境、提高工作效率的回报。

第五章

每一个人都很重要

当我的三位曾祖父在150年前分别创建他们的事业时，他们想必也面对着今天的创业者所面对的同样问题。其中最重要的问题之一是找到能与自己同事的人，并与之建立起一种相互信任、合作和忠诚的关系。

我的三位曾祖父都是有原则的人，对他们来说，即便是与别人握手时作出的口头约定，其重要性也不亚于签过字的协议——诚实和忠诚是他们的最高信条。他们都明白，公司的员工如果能被关心，感到自己是公司的一部分，他们就会留下来并且作出越来越大的贡献，他们的归属感和拥有感也会因而不断增强。祖父们的工作伦理是"每个人都很重要"，而直到今天这一条还是同样有效。我们每一个人都应该记住，我们的所有同事和下属都应该得到尊重、关爱和同情，就像我们自己一样。在这一章里，我将展开论述"每个人都很重要"的原则，并讲解怎样在日常工作中去实践这个原则。

我的每位曾祖父都有一个神奇的故事。约翰·沃克起初是个面包师，但他想到了一个新主意——在克莱德河上的格里诺克港口建厂加工甘蔗。他创建的约翰·沃克有限公司取得了巨大的成功，许多年后这家公司被英国主要的糖业公司泰特利乐公司所收购。

约翰·德诺姆在19岁时父亲就去世了，他和他的哥哥詹姆斯要挣钱养活他们的寡母和年幼的弟妹。约翰下决心要成为一个船东，他在自己位于格里诺克的小办公室门上钉了一块“船舶代理”的铭牌。有一次他看见一条72英尺（21.94米）长的纵帆船“大卫·辛克莱”号停泊在码头上待售，年轻的他就前往当地一家银行去贷款。但银行职员对他说：“你走开，等你到了合适的年纪再来谈贷款的事。”

约翰闷闷不乐地在格里诺克的大街上行走，他遇见了两位当地有名的商人——布莱克先生和莫里森先生，他把想买下“大卫·辛克莱”号的事情告诉了他们。两名商人要他带他们去看这条船，然后同意和他合伙买下这条船，那时正是1866年的夏天。12年后，约翰·德诺姆已经是拥有12条纵帆船的船东，他的船队航行在格里诺克和欧洲、新大陆、西印度群岛之间以及世界的其他地方。布莱克和莫里森对他的信任也因为他的成功而得到了丰厚的回报。

我的第三位曾祖父约翰·德拉蒙德年轻时生活贫困，他推着小车，车上装着他的所有家当，从格拉斯哥一路走到了正在迅猛发展的格里诺克。到了那里他发现自己可以去学制桶的手艺，因为人们要把桶装的糖、威士忌和谷物运送到大英帝国的各地，然后运回麻袋包装的甘蔗和黄麻。几年后约翰成功地开办了自己的制桶公司。

船上的气味对吗?

我的三位曾祖父都留下了许多有关事业成功的常识和智慧。但是他们最重要的信条是：在任何公司里，最重要的人是新来的、年轻的学徒。他们的意思是责任优先于权利，不管我们多么幸运，都不要忘记我们有“共同的人性”。我的曾祖父们相信在任何一家公司里，不管一个雇员多么新、多么年轻，这位员工和其他公司成员同样重要，也应该得到同等的对待和尊重。

这条原则陪伴我终生，无论我做什么工作，它始终是我最有益的帮手。我以难以置信的32岁年龄，受邀当上了苏格兰最著名的学校——爱丁堡附近马索尔堡的劳莱特学校的校长，这是英国最古老的独立寄宿制学校之一。此时我的这条人生信念得到了大大的加强。

有时人们会说，在每个好男人身后都有一位不平凡的岳母，这似乎有点不可思议，但这一条用在我身上是对的。这种不平凡还可以延伸到我岳父身上，他是一个老派的人，从来没有对我和其他孩子的任何成就表示过赞赏。对他和许多像他那样的人来说，没有批评就算是表扬了。然而，当我接受了新职务之后，他还是给了我一些难忘的忠告。他对我说："诺曼，你要记住，当一位将军走上军舰的甲板时，他立即能闻出船上的气味是否对头。商店、公司、大学和中学像一条船一样——如果有什么地方不对头，气味也就不对头。就像一条鱼，死了就会很快腐烂变质。"

这是一条非常有用的忠告，从此之后，我会在各种场合问一问自己："船上的气味对吗？"我发现，要找到这个问题的答案，唯一有效的方法是花时间深入到公司的各个部门去，包括员工餐厅、收发室以及接待区等。如果在这些关键场合出了问题，其他地方也很可能会有问题。如果这些地方的员工感觉工作过度，得不到表扬和重视，公司整体就不可能正常运转。在这种情况下，问题往往不是出在员工身上，而出在公司的领导层，他们没有有效地经营和管理好公司，或去关注真正应该关注的事情。

吉卜林在他著名的诗作《假如》中写道："我的儿子，假如你既可以与国王同行，也能与常人交往，你会成为一个真正的男人。”他说得很对——不管你可能变得多么富有、成功和大权在握，假如你不去关心周围的人，关心你的同事和下属，你就难以创造出一家各方面关系平衡、有幽默诙谐的工作氛围和工作成效卓著的公司。

也许南极探险家欧内斯特·沙克尔可以作为杰出领导人的典范，他在他的探险事业中坚守这一条领导原则。F. A. 沃斯利在沙克尔史诗性的南极之旅中担任船长，他写的《沙克尔的船上旅行》以及年代更近的，由马戈特·莫雷尔和斯蒂法妮·卡帕雷尔合著的《沙克尔领导艺术》，对沙克尔的故事都有详尽的描写。

在《沙克尔的船上旅行》这本书中有一段内容很动人，也很有启示性：“外界没有人知道欧内斯特·沙克尔爵士和他的船员此时正在南设得兰群岛附近，因而人们在威德尔海附近搜寻他们，船员们不可能有获救的希望。”

“显然，应该有人冒险驾小船去最近的有人居住的岛屿求救，以使全体船员脱离险境。”

“像沙克尔这样富有自我牺牲精神的英雄肯定会担当起最危险的重任，事实上他的性格也决定了他会这样做。他是一位天生的领导者，总是在最危险、最困难和最需要担当的时刻挺身而出。我看见他的脸色苍白，强迫着自己去面对危险。他就是具有这种勇气的人，他敢于去做自己最感觉恐惧的工作。”

当朽败开始的时候

一家重视每位员工的公司或机构能够取得成功，是因为这样的公司能造就一批满意的、忠诚的员工，他们认同公司的目标并且愿意为公司工作。而反过来，在那些高层人员漠视下级员工的公司里，员工的流动性会增加，员工当中会滋生出不满情绪并消极怠工。假如员工们互相争斗、不受重视、得不到帮助或感觉自己难以胜任工作，他们就会丧失对公司的信心并最终离开公司。

有些公司喜欢员工快速流动，他们不愿意在员工身上投入时间和精力。有一家大出版社就是这样的公司，公司的执行董事盛气凌人，他感到没有时间去关心高级经理人员以下级别的员工。低层员工感到他们在公司里处在自生自灭的状态中，没有人来关心他们的去留，他们在公司里只是卖命。有少数的幸运儿得到了提升，但大部分人却被忽视。

在开始的几年时间里这种政策似乎效果不错，出版社获取了丰厚的利润，但是渐渐地问题就反映出来了。有一家来自海外的出版社参与市场竞争中来，这家出版社以对员工重视、支持和关爱的态度闻名。本土出版社的最好员工逐渐跳槽到了海外出版社，本土出版社的利润下降了，而海外出版社则是一派兴旺的景象。一直等到那个刚愎自用的执行董事走了人，这家出版社才改变了政策，并开始从上到下地清除公司的朽败现象。

对不懂得“每个人都重要”的管理原则会产生怎样的后果，克莱德河下游的造船厂提供了很有说服力的实例。在20世纪70年代初期，斯科特·利恩戈船厂、格里诺克的普里斯比特船厂和格拉斯哥的港口船厂请我做一个调查：为什么这些船厂里会有多达2000个的岗位空缺。这时苏格兰东北部的北海油田正在开发，固然有许多技术工人被油田的高薪和优裕的住房条件所吸引，但这并不是造成巨大劳动力缺口的全部原因，因为当地的失业率还是居高不下。

每一个在那时访问过船厂的人都不难注意到，在这些船厂里败家行为是家常便饭的事情。在20世纪30年代大萧条期间，管理层和员工之间、新教徒和天主教徒之间、苏格兰人和爱尔兰人之间存在着剧烈的冲突，这种敌意和互不信任的氛围长期以来一直没有消除。这种氛围给整个行业带来了负面影响，因为有部分关键员工之间仍存在着敌意和不合作的态度。在曾经建造出世界上最好船舶的工厂里，发生这样的情况确实令人感到悲哀。而在同时，日本和北欧的造船业却在不断地进步。

就像在其他许多行业里一样，在克莱德河边的造船厂里也有一代代向下传承的故事和传说。但是在这种情况下，许多流传下来的故事里都充满了悲伤和耻辱。有人说起他那个头戴直筒帽的工头的故事。他吹哨让工人们休息十分钟，但是当工人们放在火盆上的水还没烧开时，他就又吹起哨子，并且把工人们的饭盒踢进火盆里，对他们大声吼道："快给我滚回去开工！"

这种残暴和没有人性的行为造就了装满怨恨、愤怒和伤痛的火药桶，最终加快了船厂的衰败。如果能采用更有远见的工作方式，能关注员工的福利，让每位员工的价值都能得到充分发挥，情况就会大不一样。

对公司历史的研究表明，在许多公司里低层次的员工没有得到应有的待遇，他们的才能没有得到应有的赏识和发挥。在许多公司或机构里，越是上层的人员地位就越显赫，这种情况随处可见。在一家银行会议室旁的盥洗室里，每个董事会成员都有自己的专用毛巾，挂在标有他们名字的专用挂钩上。在另外一家大机构里，会议桌上的普通瓷盘是低层次员工用的，银边的瓷盘是中层管理人员用的，而那些少数"强者中的强者"，用的是金边的瓷盘！这种明显的排斥性行为会使许多低层次的员工看不到自己在公司里的价值，他们甚至不知道自己是否真的算得上是一名公司的成员。

麦克斯·帝普雷在他的名作《领导的艺术》这本书中，把这种短视的公司行为与更有远见的公司行为作了比较。如美国的家具巨头赫曼·米勒公司就是一个很好的例子——在这家公司里有一个对所有人开放的餐厅，象征着公司里的每位员工都享有平等的权利。还有世界上最大的制药公司之一的诺华公司，这是一家正在急速扩张的大公司，该公司把每一位员工都看作诺华公司的合伙人。

成功之道

“每一个人都很重要”这条原则表明每个人都有自己的价值，都有可以培养和发展的才能，都可以作出自己的贡献。假如你能做到使员工对自己有良好的感觉，能认识到自己的价值，他们就会获得成功，无论是对自己还是对公司。一视同仁地尊重和礼遇公司里的每位员工，相信他们的潜能；要与员工们分享公司的成就，给每位员工以归属感和拥有感；不管你身处公司的哪个层次，都要以温和宽容的方式来对待你的同事；常对员工表示感谢，在适当的时候给予鼓励和帮助，这些原则对你本人和公司的成功都是至关重要的。

以下是能让“每个人都很重要”的原理发扬光大的五条简单规则：

1．激励

永远不要低估激励的力量。你在适当的时候说过的适当的话会被人牢记，有时可能会改变一个人的人生道路。我们会记住那些为我们做过精神上指引的人，他们给了我们别人没有给过我们的信仰，把我们引向正确的道路。他们在我们迷惑困顿、踟蹰不前的时候给我们鼓励和帮助。你是否准备好做一个更能激励下属的领导者了呢？

还有一条需要记住的是，激励与授课不是一回事儿。在这方面圣奥古斯丁说得很中肯：“使我得益最多的不是那些教导我的人，而是那些与我交谈的人。”假如你想激励别人，真诚的语言交流要比你单方面的传授或解说更加有效。

我的导师托尼潘迪子爵乔治·托马斯，他是1976年至1983年期间的下议院发言人。乔治出生于威尔士一个矿工家庭，他曾分别被詹姆斯·卡拉汉和玛格丽特·撒切尔领导的两个不同政治色彩的政府聘为发言人。

无论走到哪里，乔治都能做到平易近人——他认识到在任何机构里，每一个人都是重要的，善意的言语和鼓励总是能给人带来激励和启示。当我在劳莱特学校当校长期间他经常来我们学校，至今这所学校里最重要的奖项被命名为“卓越领导艺术，对学校平安作出全面贡献的托尼潘迪勋爵奖”。有一次乔治在学校的集会上发表了演讲，演讲结束后他被在场的学生、职员、父母、祖父母和教父母们团团围住了。尽管人头挤挤，但是他还是有时间对每个人都说上一句话。后来有人评价说：“当他与你说话时，好像在那一刻房间里或是他的面前只有你一个人一样。”

有一天傍晚，我和乔治一起来到学校的小教堂。学校里正准备演出音乐剧《狄多与埃涅阿斯》，我们去看看那里是否已经改建好，可以放得下音乐剧的布景。有一个高年级学生在那里工作到很晚，这个男孩既不长于学业，也没有体育、歌唱或表演的天分，但他是我们最好的“全面奉献者”，在任何学生或教员有需要的时候，他总是乐于提供帮助。

乔治和这个男孩说了一会儿话，最后他朝后退了一步说："好吧，年轻人，我可以告诉你一件事：你将会有一个非常辉煌的人生。"结果果然如此，到今天这位学生仍然记住乔治当时对他说的话，这些话使他认识到自己的重要性，认识到自己所作贡献的重要性，无论是在学校里还是在他今后的人生中。

托尼潘迪测验

那么就让我们来做托尼潘迪测验吧。假如有人对你比较简要地描述了你的一位同事，你会对他的生活产生兴趣并给他以鼓励吗？你会使他对自己以及他所作的贡献感到满意吗？你会激励他发挥潜能并做出最好的工作成绩吗？你是否知道如果要做到这些你应该怎样去做？你是否有精力、善意和感情去激励别人？这是认识"每个人都重要"这条原理的开端。

适当的话语

赞赏是激励的另一种强有力的形式。关注并赞赏别人所做的工作，对他们作出的努力给予奖励，是改善公司人际关系、造就忠诚员工的有效方式。

约翰·马歇尔是德拉姆·派因家具公司的总裁，他是身体力行"每个人都重要"这条原理的杰出典范。他曾经带领162位在公司工作一年以上的员工，加上他们的父母和孩子，到西班牙马略尔卡岛去度长达一个星期的假，所有机票和食宿费用都由他本人来承担，而且这次度假不抵扣员工的年假。因为公司的利润创下了纪录，他这样做是为了对员工们表示感谢。马歇尔先生本人也和员工以及他们的家人一起参加了这次度假，他说："我刚参加工作的时候，感到自己得不到关爱和尊重。现在我的位置变化了，我不希望自己的员工也像我当时一样。”有一位担任高级销售顾问的员工说：“我们为公司作了贡献，能得到感谢就不错了，但这样的奖励真的超出了我们的想象，你看大家笑得多么开心。”

你可以想象，德拉姆·派因公司的员工们在得到了老板如此的赞赏和激励后，会对公司产生怎样的忠诚感和认同感。他这种感人的激励方法会在今后的数年里对公司产生积极的影响。他的全体员工都得到了激励，无论是从人性的角度还是职业的角度。

一定要让你的同事们感到，他们作出的努力能得到赞赏。当人们作出了有价值的贡献之后，一句表扬的话或一个赞赏的姿态都能创造出很大的不同。

2. 期望得到最好的结果

你对那些与你一起工作的人有怎样的期望？是吹毛求疵，还是期望得到最好的结果？

这是一个有趣的问题，因为寻找别人的缺点会成为我们无意识的习惯。开始关注自己的行为是一个很好的开端——你是不是每天在头脑里列出一张清单，看一看自己是否错过或做错了什么事情，是否有某些事情你本来可以做得更好但是却没有做到？你是否经常盘点自己在一天当中有哪些事情做得不错，并为此充满愉悦？

如果你对自己很严厉，那么你也会以同样的方式来对待别人。如果是这样的话，可以试一试是否能改变这种习惯，因为经常对别人吹毛求疵会损害员工的自尊并且打击他们的士气。员工们会感到只要和你在一起做什么都是错的，不久他们就会不思进取，因为你只会注意到他们的错误和缺点。最终他们会要求调往别的部门或分公司，或者干脆离开公司。期望得到最好的结果意味着追求成功，随时看见别人做的好事，而不是反其道而行之。一旦你看到员工的成绩且马上给予表扬，你周围的人很快就会意识到这一点，并用做得更好来作为他们对你的回报。

凯蒂的故事是一个很好的事例来说明“期望得到最好的结果”能给一个年轻人带来怎样的不同。当她来到在斯凯岛的“哥伦巴1400”中心时，她是一个失业和无家可归的18岁女孩。她的头发遮盖了脸部，我们很难看清她的容貌。同样不妙的是凯蒂不愿意面对外面的世界，这并不奇怪，因为在她的成长过程中充满了各种艰难、坎坷，以至于她从来不知道表扬和鼓励为何物。她和一批年轻人一起到中心来参加领导学的培训课程，有整整三天的时间她都把自己隐藏在她的长发后面。这个课程的宗旨在于让每位年轻人把自己的潜能发挥到极致，教员们致力于发现年轻人的才智、能力和技能，他们善于用表扬来激励学员。

三天后，凯蒂向别人借了一根头带把自己的头发束了起来。这好像是遮盖着她的面纱打开了似的，因为她意识到在这里她是受到信任和尊重的。她第一次清楚地认识了自己，周围的人也终于看清了她。她显示出自己具有一种解决冲突的能力。

在培训课程结束的时候凯蒂发现她很关注动物保护，于是她回去后就到一家动物收容中心做了义工，她感觉很好。不久前她得到了一份全职的工作，现在凯蒂不仅有工作，也有了固定的住处，而且和男朋友保持着稳定的关系。

3. 从不轻视

当你需要检查工作或批评别人时是否能带有建设性？你是否很快就能找到别人的缺点并当众批评他人，或匆忙发送电子邮件去指出别人的错误？当你把“每个人都很重要”作为指导原则时，在作出负面的评论或批评前一定要谨慎，这一点很重要，因为匆忙说出或写出的话很可能会对他人造成持久的伤害。

给他人批评性反馈时，使用以下的指导原则：

只在你认为必须和时机适当的时候才去批评别人。

永远不要草率和匆忙，在作出回应前好好想一想。

批评要具体，只指向直接有关的人，只涉及有关的行为或事件。有些泛泛而指的语言如“你总是怎样……”或“每次你都怎样……”缺乏准确性，会给你的批评带来不好的后果。

说清楚你期望得到的是怎样的表现和行为。对别人说明他们做错了什么有时不会特别有用，而告诉他们你希望他们怎样做，能对他们起到明确的指导作用。

永远不要使用人身攻击，或去贬低别人。就事论事而不要针对具体的人，例如可以说，“你今天迟到不太好”，而不要说，“你总是不善于安排好时间”。

一位年轻的苏格兰学生在星期六上午的板球比赛中只得了57分而没有出线，他立即打电话给他在美国的祖父。这时在美国还是半夜时分，祖父被电话铃声惊醒了，然而他还是接听了男孩的电话。男孩说：“爷爷，我今天上午打板球只得了57分没有出线。”祖父回答说：“成绩已经很不错了，坚持下去，你很快会代表苏格兰打球的。”男孩听了祖父的话经常刻苦地练习，很快他代表苏格兰打球的梦想成真了。

但是对他在苏格兰的外公而言，他不喜欢突然的电话，男孩只能像平常一样等到星期天晚上才打电话。孩子告诉他自己的板球成绩时，他回答说：“你不会再有很多机会了吧？”接下来外公没有任何对孩子的肯定和表扬，男孩挂断电话时感到很沮丧。

我们常常没有意识到，当我们身处权威地位时，我们不恰当的话语很容易使别人泄气。男孩的苏格兰外公并没有贬低或打击外孙的意图，但是他采取的是指责而不是鼓励的态度，结果只能给他的外孙带来了沮丧和失望。

挫伤别人可以说是一种英国病毒，有时被称为“高大罂粟花综合症”——“木秀于林，风必摧之”，假如你比别人优秀，很快就会有人来打击你。人们会对你说：“你头脑发胀了吗？”、“你以为你是谁？”、“不要好高骛远”或者“别以为你有什么了不起”等等。这种话语会使人特别是年轻人再也不敢出头，挫伤了他们想做事并且把事情做好的积极性。也许，现在是我们抛弃这些冷嘲热讽的话语的时候了，让我们去鼓励那些做出了成绩的人，使他们感觉愉快并得到鼓舞。

把表扬写下来，把批评说出来

这是一种值得把它写进你每日、每周或每月计划的练习：把表扬写下来，把批评说出来。

如今，把对别人的评价或批评用电子邮件的形式来传达已经很普遍了。因为这种文字常能被别人读到，它的不带感情色彩的语调会使人感到沮丧。收到信件的人会反复去读它，进而相信自己真的没有价值，不能取得成功，这样就更对自己丧失了信心。那些喜欢用文字来表达批评和责备的人，总是难以达到他们的预期效果，相反，这种方法常常会损害你和员工之间的关系。这种电子邮件或信件作为一种看得见摸得着的证明，说明你在沟通方面缺乏能力和技巧。

相反，快速而直接的面对面批评会更加有效并且易于让人接受。工作中的人际关系不会因此而受到损害，被批评者也不会因此丧失自信和尊严。对那些需要帮助的人用坦诚和设身处地的方式去沟通，并且明确指出正确的方向，这样做总能得到理想的效果。

然而，当你想要表扬或赞赏别人时，用文字写下来总是再合适不过的。用一张便条、一份电子邮件或一封信来表达对人的赞赏，会产生巨大的积极效果。信件能被保存下来和被反复阅读，这样能更加提高收信人的自尊心和工作积极性。

当我还是学校校长时，有一天我在走廊里遇见了一位在学校工作多年的男教师。他即将要退休了，我刚给他写了一封信，对他在学校多年的服务表示感谢，并告诉他我们会经常想念他。他对我说："我并不擅长言辞，但是我非常感谢你费心给我写了信。你看，我有一只抽屉专门用来存放这样的信件。虽然这只抽屉并不大，但是我会经常去看这只抽屉里的信件，并因此想到我的生活毕竟还是有价值的，我也曾经创造出很大的不同。"

历史上有一些伟大的领袖，从林肯总统到传奇的拉格比学校校长阿诺德博士，再到陆军元帅蒙哥马利勋爵，他们都会不厌其烦地写信给别人，对别人作出的贡献和努力表示感谢和赞赏。哪怕你感到自己太忙而难以分身，记住哪怕是一行手写的字也会创造出很大的不同。

4．授权

要让人感到被重视的最有效方法之一是把责任交给他们。许多人发现自己在承担新责任和接受新任务时表现最佳，然而令人奇怪的是，许多身居高位的人却不愿意授权。不要去做那些事必躬亲，把一切工作事无巨细都抓在自己手中不放的人。要善于发现他人的能力，通过赋予重任去激发他们的潜能。

我常会辅导一些企业高管，他们经常因为手里的工作太多而感到疲惫和紧张。然而当我们一起检查他们的工作负担时，却发现其中有许多工作是可以交给别人去做，并且别人也会乐于去完成的。

良好的沟通对授权非常重要。有些苦恼的管理者告诉我，他们的下属有时会把事情搞糟。我要问他们的第一件事是他们是否把工作的要求向下属交代清楚了，因为有许多人常常喜欢让别人去猜想自己的意图。

我在培训客户的过程中，在课程开始后的三到六个月里，我会建议他们去会见他们的上司，并安排一次三方的对话。最近我与一位客户做了这样的会晤，她在一家航空公司工作，而她的上司就是公司的总裁。客户告诉我，她自己的感觉是上司要求她当好采购部的负责人。但在我们开诚布公的三方会晤中，总裁说出对她的期望却大不相同。我的客户难以掩饰自己的惊奇，她对总裁说："我从来没有想到你的想法是这样的。"公司总裁也感觉很奇怪，他回答说："我以为我已经对你说过我的想法了。"这两个人经常见面，但是由于缺乏良好的沟通，我的客户对上司怎样要求自己不甚了了。在这次三方会晤后，两人之间的关系得到了改善，我的客户在工作时更有信心了，总裁也增加了对她的信任。

假如你要别人把工作做好，就一定要把工作的要求交代清楚，而且要及时更新有关的信息。这样的授权会使双方获益，你的下属会感到自己有能力而且得到你的赏识和信任。

5. 保持联系

那些躲进象牙塔里不愿意出来，从不去看望低层次员工并经常与他们交流的领导者，犯下了"不接地气"的错误。假如你没有和员工的接触，你怎么会知道员工们的想法和感受，知道哪些事情对他们最重要，公司的员工队伍里又隐藏着怎样的人才？最好的领导者总是以身作则，他们不会要求别人做自己做不到的事情，他们经常会身先士卒地为别人作出榜样。

当我还是“黑色守望”部队的一位年轻牧师时，我们被送到布雷肯比肯斯去受训。在那里的第一夜刮起了暴风雪，到傍晚的时候甚至皇家海军的受训队伍也从山里撤出来了。但“黑色守望”部队有着自己的荣誉和传统，我们继续前进，连本来可以撤退的炊事员也没有掉队，和大家一起行进在刺骨的寒风里。

在那个寒冷而漫长的夜晚，我出发去访问每一个连队的驻地。我发现B连连长爱德华·德布罗·弗格森少校身体蜷缩成一团坚守在部队的指挥岗位上，出于伪装的需要他要坚守在这里随时收发无线电信号。当我走到他身边时才发现地上的水已经淹没了他的脚踝。

而当我走到B连的各战壕里时，发现士兵们都不在那里。我问这是为什么？他们这样告诉我：“神父，这是少校的命令，除了站岗的之外，其他人在水深及脚踝时都不必留在战壕里。”我对士兵们说，我刚才见到了少校，他自己就站在水里。士兵们回答说：“神父，德布罗少校就是这样的，他永远不会要我们去做他自己做不到的事情。”

我发现在整个军队系统里每一个人确实都很重要，而能成为杰出统帅的人都明白这个道理，并能够在每天的生活中去身体力行。也许“黑色守望”部队最出色的长官是已故的布里格迪尔·托尼·里斯戈，他有超乎常人的战术技巧，他的士兵们对他尊重有加，并随时愿意为他去赴汤蹈火。据历史书上记载，托尼在训话结束时总是这样说：“我们必须问自己，是否已经准备好去打仗。”

有一次“黑色守望”部队结束了演习，所有的装甲运兵车和部队成员在军车集结地列队，准备接受司令官的检阅。士兵们花了很多时间来做好军车的维护，以达到他严格的检查标准和清洁要求。他们在车辆的显著部位用泥块写出了这样的标语："托尼，我们都准备好了。"

练习：礼貌测验

你能在多大程度上表现出对别人真诚的关怀和理解？你的同事是否把你当成一个重视和尊重他们的人，他们是否能经常感受到你对他们表示出来的善意？你可以做一做这个礼貌测验，来衡量你对别人的举止是否恰当，你是否能经常去关心他人。每星期一次或多次来想一想你的某位同事，问自己以下的问题：

我是否对他有礼貌，能理解他并友善地对待他吗？

我知道他现在有几个汽缸在运行吗？为什么？

我能允许他把家里的自己带到工作中来吗？

我能激励他发挥特长并发掘他的潜能吗？

我是否已经给他的生活带来了积极的改变？

如果你对所有这些问题的回答是肯定的，你就非常出色地通过了礼貌测验。假如回答是否定的，那么就用这些问题本身来作为自己努力的方向，争取在下星期的测验中得到好成绩。

在一个潮湿的傍晚，我走进爱丁堡的威弗利火车站准备搭车去格拉斯哥。雨下得很大，雨水从人行道上溅起来把行人都打湿了。在我前面，有一位颇有绅士风度的男人打着一把漂亮的雨伞快步朝前走着——我连伞也没有带——他身穿着剪裁合身的斜纹布西装。就在这一刻我看见他快步走过台阶，来到了一位年轻的流浪汉面前。那个年轻人盘腿坐在地上，浑身被雨淋得湿透。男人在瞬间把自己的雨伞送到了流浪汉手中——流浪汉比他自己更需要雨伞。

这个故事说明了怎样才是真正的以礼待人，不需要任何的张扬或索要任何的回报。

在职场和在家里

“每个人都很重要”不只是一种良好的职场信念，通过努力你也能把它运用到你的家庭和私人生活中去。我们的三个大孩子，安德鲁、麦琪和玛丽·克莱尔是在四年时间里先后出生的，又过了六年克里斯蒂出生了。当前三个孩子出生时，我们家里一共有五个人，大家都能感到“自己很重要”。而当克里斯蒂出生后，家庭生活的喧闹以及三个大孩子的外向性格，使得这个最小的孩子感到自己讲的故事没人要听，自己说的笑话也不逗人笑。他的父母七年后又生了一个性格活泼好动的儿子劳莱德，他内心的苦恼越发加深了。

克里斯蒂过了很久才明白他在家庭里自然有着重要的地位。尽管他的父母很努力，也付出了很大的代价才了解到克里斯蒂对他们的期望究竟是什么。当然克里斯蒂始终像家里的其他孩子一样重要，只不过我们开始时并没有认识到，他并没有能及时感受到这一点。只是自己心里知道别人对你重要还不够——你还要保证让他们也明白，而且能在你对他们的行为中表现出来。我很高兴地看到，克里斯蒂现在是一个很有活力的年轻人，他坚持原则、崇尚真理和公正公平的性格不仅给他的父母，而且也给他的兄弟姐妹留下了深刻的印象。

在有些公司、机构或家庭里，人们不能认识到每个人的重要性，不能了解每个人的能力、需求和他们在整体中的位置，这时就会有一系列的问题产生。从公司或个人的长远利益来考虑，立即坦诚地去面对并开始着手解决这些问题是很有必要的。就像格里诺克的布莱克和莫里森能够发现我19岁的曾祖父约翰·德诺姆的潜能一样，我们应该认识到，不管人们有着怎样的年纪或阅历，每个人都能作出有价值的贡献，这才是一种真正的人生智慧。

第六章

不要让帐篷坍塌

一个人新近得到了升迁，或调动了工作岗位，这时他面对的挑战和压力比其他任何时候都要大。在这样的时刻你往往会感觉神经紧张、胃部痉挛，并充满了疑惑和恐惧。你会想："我能够胜任这份工作吗？让我担任这份工作是不是上司作出的错误决定？如果我把事情搞砸了怎么办？我感觉做这份工作超出我的能力了。"有这样的疑问和恐惧是很自然的事情，而且在这种情况下释放一定的肾上腺素是一件好事，因为它会对你起到促进和推动的作用。但是假如持久地不能从这样的惊恐中解脱出来就完全没有必要了，你反而会有把事情做坏的危险，你最害怕发生的事情也许就会变成现实。这时你就要确认自己不要"让帐篷坍塌"。在这一章里，我将告诉你怎样来应对你面对新工作时产生的神经紧张和焦虑。我将指引你从容自信地去面对任何挑战。

"不要让帐篷坍塌"是我喜欢的一种说法，我会经常在我举办的领导学培训课程中使用这个说法，和我一起工作的人大多会立刻对这个说法产生共鸣。这种说法很有趣，同时它也特别生动形象。事实上最近有一位英国公用事业公司的人事总监告诉我，她认为"不要让帐篷坍塌"是她在改进工作方法的过程中得到的最有用的信念。

那么，"不要让帐篷坍塌"究竟是什么意思呢？好吧，想一想当一顶帐篷，尤其是很大的帐篷架设起来时会是什么样子。帆布铺开来覆盖了很大一片土地，然后大家齐心协力地拉起绳索，帐篷就这样架起来了，为住在里面的人提供了光线、空间和遮盖。现在再想象最近提升的高级经理或管理者坐在帐篷的顶上，他或她被帆布帐篷所支撑，所以能志满意得地高高在上。有时他小心地从绳索上爬下来检查一下是否一切完好。但是假如他突然惊恐起来并且开始挣扎——担心帐篷会坍塌，不知道结构是否牢固，担心自己怎样才能下来——这样的话帐篷就会坍塌。

那么，帐篷坍塌了又会怎样呢？大家都会跟着遭殃。人们不知道发生了什么，自己现在该做什么，下一步又该怎样做。人们会觉得忍无可忍，因为他们认为在上面的白痴把帐篷搞塌之前一切都是好好的，这时似乎人们所有的创造性和活力都一扫而空了。

现在把帐篷想象为一家正在营运着的公司。不管是在公司里的哪个部门，高层人员的行为对整个公司的持续平稳运转起着关键的作用。假如他们中有人由于缺乏经验或心存疑虑而产生恐慌，公司里每一个人都会受到影响，而由此造成的损害是不可低估的。那些把帐篷搞塌的人往往并没有意识到自己是在这样做，直到造成最终的损害。那些新近被提升到高级职位的人常常由于缺乏安全感而把帐篷搞塌，这种情况司空见惯。

这是一个有关帐篷倒塌造成混乱的极好的例子。

每个人、有些人、任何人和没有人

有一件重要的工作要完成，每个人都知道有些人会去做这项工作。任何人可以去做，但是结果没有一个人去做。有些人因此很生气，因为这是每个人的工作。每个人都认为任何人可以去做，但是没有人意识到每个人都不会去做。结果是每个人都在指责有些人，没有人去做这件任何人都可以做的工作。

过度检查

你是怎样让帐篷坍塌的？过分被细节所缠绕、过于挑剔、过度控制以及事必躬亲等都是可能的原因，过分检查和权衡会扼杀灵感和热情。当你的帐篷有倒塌下来的危险时，你会对别人做的事情大惊小怪，不相信别人，并且要求别人一举一动都向你作出书面报告。这样做无论是对你还是对员工都是费时费力并且消耗士气的。

你是让帐篷倒塌下来的人吗？你会用过度的检查把你的同事逼得发疯，让他们失去动力和信心吗？用“是”或“否”来回答下面的问题，并从中找出答案：

1. 你是否能在公司里找到可信的人来完成某项工作？
2. 你是否担心工作过多、工作时间太长？
3. 你对同事的工作能力有信心吗？
4. 你是否感觉在工作的每个步骤中你都有必要亲自检查？
5. 你是否能做到把注意力集中在工作的结果上，而把细节问题交给他人？
6. 你认为自己有必要在所有的领域都是行家吗？
7. 你自信能满足工作对你提出的要求吗？
8. 你是否有时会问自己：选择了现在这份工作是否合适，或许还是你原来的工作更好一点？
9. 假如有危机发生，你觉得自己有能力来应对吗？

10. 你是否有时会希望向人求教，但往往又找不到合适的人？

假如你在1、3、5、7、9这几个问题中有两个或两个以上的回答是否定的，或在2、4、6、8、10这几个问题中有两个或两个以上的回答是肯定的，那么你就有可能成为一个让帐篷坍塌的人。但是不必害怕，因为大多数被提拔到管理岗位的人，都会遇到同样的疑虑、担忧和恐惧。

一位可爱而有才能的客户从事职业服务工作，她告诉我她的目标是得到升职，使自己的技能和经验能在更大的范围里得到提高。不久后她被提升到一个高级职位，她的职位对政府政策的形成和实施有直接的影响。她曾参加过我们的培训课程，并达到了她早期设定的目标。但是当升职的快乐过去后，她开始感觉自己心中没底，如果还算不上惊慌的话。她告诉我她感觉自己不如在原来的岗位时受人尊重，现在无论她走到哪里，同事们似乎都比她懂得更多。“我很担心，我争取和接受这样一个职位是不是做错了？”她说，“也许我还是要求回到原来的岗位去吧。虽然我的丈夫和孩子都为我骄傲，但现在这份新工作已经影响了我的家庭生活。我该怎么办？”

这位女士感觉在工作中力不从心，显然有让帐篷坍塌的危险。过了一段时间她才开始平静下来，深深吸入几口气，然后去适应自己的新角色。如果她能得到一点儿指导和帮助，就会有利于她胜任自己的新工作，并重新享受到工作的乐趣。

那么，当你感觉自己有让帐篷坍塌的危险时，该做些什么呢？你怎样来调整自己并重新赢得同事们的尊重和忠诚呢？你需要采取的策略出奇的简单和直接——你要记住，首先，要在工作环境中做出最佳表现，你需要了解和信任自己，你需要把自己的头脑和心灵结合起来，并且把这种自我了解和内心结合作为向前迈进的坚实基础。

控制火势

当你感觉到不确定和害怕的时候，第一步是控制火势并且什么也不要去做。不要急于去寻找解决方案或快速的应对方法——只是走开一会儿，做几次深呼吸，让自己脚踏实地。

当我们害怕的时候，我们的能量上升到头脑，脚下失去了和大地的联系。这时大脑会供氧不足，我们的心灵也会缺乏精神力量。脚踏实地能让我们平静下来并感觉坚强，所以用一点儿时间来重获与大地的联系很重要。同时做深呼吸会有助于你做到这一点。

急于求成、想为所有的人做好所有的事情，其实是在无谓地浪费精力，这样更会让人们看到你的焦躁不安并感到你难以胜任工作。保持头脑冷静、从容不迫会立刻使你胸有成竹、富有权威感，帮助你说服自己和别人你完全能胜任这份工作。即便在你实际上做不到的情况下也要给人以沉着冷静的印象，这可以遵循以下的指导原则：

提醒自己，你了解自己并且已经把自己的头脑和心灵结合起来，你的行为有坚实的基础。

放慢节奏，做几次深呼吸，这样你在行走、行动和说话时会更加谨慎而不是草率匆忙。当你参加会议时，在发言前先暂缓片刻。

说得少一点，沉默是金。倾听别人说了些什么，在作出回应前先仔细考虑。

穿着得体以给人良好的印象。

对人谦恭有礼，保持对他人的兴趣。

当你面对困难时，“控制火势”的原理也会很有用。当你周围的人惊慌失措，牢骚满腹，躁动不安并要求你解决他们的所有问题时，不要急于被卷入其中，而是从这样的情形下后退一步再作打算。

都是因为你才得的病

这句话是我用来描述人们急不可待地把所有问题都抛到你身上时的情景。这种说法很生动贴切，因为当你作为别人不满情绪的宣泄对象时，就好像别人都是因为你才得的病。

领导者、行政人员和经理常会面对这样的情况——有些人来参加会议时情绪激动，急于向你倾诉他们的不满。他们恼怒、生气、满腹牢骚地喋喋不休，在这种情况下你该怎么办？

你也许心里会绝望地想：“救命！我该怎么办啊，这种局面我对付不了。”但是你的表情却镇定自若，尽量多听少说，诉说者很快就会把话说完。假如你不让自己卷入其中，并开始冷静地与他们交换意见，他们的愤怒情绪就难以为继了。这时他们很可能不再投诉和抱怨，不是平静下来就是转身走开了。在这种情况下，控制火势带来的结果是强有力的、富有权威性的和有效的。

哈里是一家大公司的合伙人，当他被提升到执行董事的职位上时还很年轻。其他董事都比他年长，有些比他的年龄要大许多，哈里很担心他们是否能接受他。他开始急于证明自己的能力，以至于把许多事情做过了头，这样他就分散了自己的注意力，也影响到了他良好的决策能力。他的行动过于草率而使那些年长的董事们难以接受，在他开始忙乎时大家等着看他的笑话。

当哈里来参加培训课程时，他深陷在焦虑当中，并且怀疑自己的升职是否恰当。然而，他很快就通过抽身后退和控制火势的方法使形势有了转机。他学会了谨慎处事，懂得了什么时候可以投身其中，什么时候应该置身事外。他也不再急于寻求其他董事的认同和尊重，而是学会了相信自己的判断和自尊。随着情况的不断好转，哈里的自信心也增强了。当有一位德高望重的董事告诉他："开始时我并不看好你，但是你向我证明了你的能力，我错了。"哈里知道自己成功了。

不要做一个什么都懂的人

当人们得到提升后，常常感到自己应该懂得与他们新职位有关的所有细节。但实际上这是做不到的，也没有必要这样做。当人们肩负大范围的责任时，没有人可以或应该成为所有相关领域的行家。

假如你身处这样的职位，你应该用全局观点把所有一切整合起来，其中也包括下属在自身职责范围里的专业知识。你的工作是逐项履行你的职责，并且对自己的履职情况作出冷静、策略性的和客观的评估。然后你可以逐渐去熟悉公司或机构的每一个部分，可以不耻下问地向在某些专业领域比你更懂行的人请教。能够承认自己的短处，并且善于求得他人帮助和指导的人是聪明人。要让他人把你看作一个善于激励别人的人，并且使别人喜欢你的激励，而不要让员工们害怕你召开的会议和对他们的探访。你绝对没有必要去知道你所有同事的日常工作职责，对他们来说最重要的是你的信任，以及尽可能让更多的光线和新鲜空气进入到帐篷中来，使员工的工作变得更加轻松愉快而富有实效。

在一家世界上最大的工程公司里，至今还保留着一种压抑而过时的企业文化：在公司的每月例会上，部门经理要对总经理作非常详细的工作报告。这些会议的气氛令人生畏，部门经理们神经紧张，像是在办公室门外等待老师责罚的学生。他们对这样的会议心存恐惧，以至他们的妻子或丈夫也开始惧怕他们，甚至他们的孩子也知道到了每月的这个时候，总会有些不好的事情发生。这种情形影响到了所有的人。

尽管这位总经理没有意识到这一点，他的动机本来也无可厚非，但事实上他所做的正是“让帐篷坍塌下来”的事情——他把那些向他汇报工作的下属的积极性都扼杀了。在培训课程中这位总经理花了不少时间才明白，自己采取的方法是如此令人窒息，他开始考虑用怎样的方式来作出改变，才不至于使自己太失脸面。

审视自己和回顾过去使他认识到，他最大的渴望就是别人对他办事的准确性和关注细节的能力给予认同和赞赏。在他的童年时代，他的姐姐聪明伶俐深得父母的喜爱，他可以引起别人注意的唯一方法，就是尽可能地把每一件事情都做好。他的这种关注细节的习惯后来引起了他的一位老师的注意，老师认为这是他的一种天分，并对他进行了鼓励。于是像在他童年的家庭生活中一样，他把现在的工作变成了一种竞赛。但是这种工作方法显然不适合他的部门经理们，在每月例会上他们都感到自己要被撕裂了。

这位总经理的工作方法使同事们无法看见他在家里的性格。他们看不到他的幽默感和谈笑风生的时刻，他们不知道他是青年足球队的热心教练，他们想象不出他会是怎样一个有爱心的父亲。

这位总经理开始鼓起勇气花时间改变他的工作方法，在过了几个月后他终于做到了这一点。

他用更多的时间和精力去深入了解他的高层同事们。现在他不再召开那种令人生畏的会议，而是开一些气氛轻松的短会，并经常去探望他的部门经理，看看自己能对他们的工作提供哪些帮助。他现在不再说“为什么这件事到现在还没有做好”，而是说“事情进展顺利吗”；不再说“真荒唐，我从来没有见过这样麻烦的事情”，而是说“我能帮上什么忙吗”。他学会了给予帮助和接受别人的帮助，学会了信任他的部门经理们能把事情做好。

培育直升飞机的视野

当鲍勃·里德先生还是英国壳牌石油公司的总裁时，他曾经在阿伯丁大学对一些教师和职业顾问发表了一场富有激情和令人印象深刻的演讲。在演讲中他向大家介绍了一种被他称为“直升飞机视野”的观念——这种观念的意思是，任何负有责任的领导者应该经常想象自己乘上了一架直升飞机，在自己管辖范围的上空巡视，用这种方法他们可以俯瞰全局，及全局中所有的组成部分。

直升飞机视野能使你超脱狭隘平庸的境界，能打开你的眼界并让你找到自己的目标。你可以更加清楚地看到整个公司的运行情况，哪些地方出现了瓶颈，下一步该采取什么行动，以及为了使整个公司的运转更加顺畅你需要作出哪些调整。

当我以相对较小的年纪成为英国广播公司国内总管和苏格兰广播委员会主席时，我感觉失去了对日常事务的控制和实际的责任。相对于做总裁来说，做主席意味着什么呢？我很快就得知，英国广播公司的总裁每天要作出许多决定，要在每周和每月的会议上与所有部门保持接触和联系，而我的职务却完全不同。过了一段时间我才明白，我的主要工作是激励我的部门——即影响力正在日益扩大的英国广播公司苏格兰分部，为它创造出更多的空间、空气和光线。我们已经把工作交在专家和经验丰富的专业人员手中，我的职责是通过激励的方式让他们的工作更有创造性，并且能取得更大的成效。

做一个鼓动者

假如你的工作涉及对他人负责，那你就处于一个鼓动者的位置。要鼓动他人意味着激励和促进他们朝着正确的方向前进，这样他们就能把自己的专长和能力发挥到极致。

当你越俎代庖时，你实际上挫伤了别人。假如你不给别人机会，别人怎么才能表现出他们的能力呢？假如你站在别人身后吹毛求疵，等着看别人的笑话，或是指点别人应该怎样做，那你也是在挫伤别人。但是假如你对交给下属的工作有明确的要求，鼓励他们并相信他们能做好，然后放手让他们去做，你就是一个很好的鼓动者。要让员工知道他们在需要时可以随时来向你求教，然后把自己的关注点从他们所做的工作上移开。

当你学会授权时，你不仅激励了别人，而且也解放了你自己。

不愿授权表明你自己没有安全感。要乐于让别人焕发光彩，为他们的成功喝彩，鼓励他们去面对自己工作中的挑战。当你鼓动他人时，你也会使自己获益。通过鼓舞别人你能建立起一个强有力的团队，你会增加对别人的信任，并能使自己从繁忙的杂务中解脱出来，去集中精力面对你真正需要关注的事情。

特德是一位崭露头角的经纪人，但是他没有团队合作的意识。虽然他有很多有关公司策略、营销和管理方面的想法，但是他只是习惯于自己独自来考虑这些问题。

当特德得到升迁后，这个问题变得更加严重了。他有一些下属，但是他不知道如何来对待他们，或怎样发挥他们的积极性。他继续着自己的独唱，对每一件事情都事必躬亲，使他的下属感到自己不被重视和无法发挥作用。这使得特德变得越来越不受员工的喜爱，有几位下属开始谋求其他的工作。特德也感觉自己越来越紧张和疲劳，直到他自己的上司坐下来向他指出他存在的问题，他才开始作出改变。

特德的上司是一位很好的鼓动者，她为特德作出了悉心的指导，特德因此学会了赞赏、重视和激励他人。开始时他去看望每一位员工，了解他们的能力和专长。接下来他作出更多的授权，把责任交给团队成员并学会信任他们。当团队成员的自信心和工作热情得到提升之后，特德自己也大大获益。他把不必自己来做的工作交给同事们去做，使同事们从中得到了激励，他也为自己该做的工作争取到了更多的时间和空间。

节省你的精力

你疲于奔命，想把所有的事情都一手包揽下来，想在同一时间出现在所有的地方，没有比这样做更累人了。与其这样做，不如把你的精力保留到更需要的时刻。有时你会遇到这样的场合，这时有些关键性的事务必须要有你的亲自介入和出面处理才能成功，你应该随时为这样的时刻做好准备，这比亲手去做每一件小事情重要得多。

做让帐篷坍塌的事情不仅会使你的工作效率低下，也会给你的家庭生活带来负面影响。我以前提起过的那位来自一流教育服务机构的客户，他诉说他是多么的劳累，他的生活和工作之间的关系是怎样的失衡，他的妻子和孩子是怎样对他越来越不满。为什么会这样？他把所有该做正事的精力都消耗在让帐篷坍塌的过程中，更不用说他还能去做一个好丈夫、好父亲了。他给自己加上了过重的负担，花了大量时间去纠缠许多繁杂的事务，结果大大消耗了自己有限的精力。

通过培育直升飞机视野并且不再去做那些让帐篷坍塌的事情，他的信心和精力得到了恢复。事实上他现在变得更加自信和富有活力，在他所在的那个具有高度影响力的机构里，他管理着一个最受关注、最有抱负和最需要专业技能的部门。

练习：做一个山民

在斯凯岛上，我们工作和生活的地方被美丽的群山所环绕，我开始意识到我们与山民之间存在着的某种联系。有时这些男女山民也要作出生死决定，这时他们除了依靠自己外还要依赖他人。对那些有志于登上顶峰的人需要认识哪里才是需要作出关键决定的地方。下面有两个有关的练习：

分享你的绳索

山民们常说的一句话是：你会与他（或她）合用绳索吗？

他们说这句话的意思是，你会在自己生活中信任这个人吗？当你与一个伙伴，或者一个团队一起登山时，你们合用一根绳索，这样你们就分担了团队的责任，也会分享最终的成果。与一个人合用绳索表示你绝对信任这个人。

这个练习可以帮助你找到公司里的关键成员，你可以依靠他，并且能和他分享你的信念和价值观。在公司里能有这样的几个人组成一个合用绳索的团队，这个团队足够强韧和完美，可以去攀爬完成任务和达到目标的高山。

问自己以下的问题：

我会与谁合用一根绳索？

我是否没有注意到那些可以与我合用一根绳索的人？

要建立起一个你自己喜欢、信任并乐于在其中工作的团队，这是迈出的第一步。

钉下你的岩钉

岩钉是攀岩者钉入岩石表面缝隙里作为踏脚的楔子，是攀岩的关键装备，它们被小心而策略性地安置在攀爬路上各个适当的地方。由于攀岩者随身只能携带有限的岩钉，而且每次只能用一个，所以选择合适的时机使用岩钉很关键。“钉岩钉时机”这个说法代表了这样的机会和场合，这时你必须站出来表明立场，或作出事关公司稳定、福利、政策和继续发展的重大决定。

就像登山者不会一次钉上所有的岩钉而导致登山失败一样，聪明的经理人懂得时机是最重要的，他知道每次只能使用一根岩钉，这也就是说，一次只作出一个决定、一种选择或表明一种立场。用这种方式来清楚地表明你的行动方向，那些与你合用绳索的人，以及更低层次的下属就能够看清你的意图和方向。

要做到真正地高效，你必须慎用你的“钉岩钉时机”，并要每次都让这样的时机发挥最大的效用。不要把“钉岩钉时机”浪费在无关紧要的决定上，或用在别人能应对处理的问题上。

问自己以下的问题：

我最近一次取得最好效果的“钉岩钉时机”是在什么时候发生的？

在怎样的情况下“钉岩钉时机”能取得最大的效果和最持久的影响？

一位新近得到任命的大学校长成了我的客户，他意识到他的前任留下的摊子需要好好清理一下，他要采用更高效的决策体系和更清晰的领导风格。长久以来前校长以一种全体达成一致的决策方式来管理学校，结果在学校的各个系科里造成了无所适从和人心不稳的氛围。新校长打算卷起袖子大干一场，但是他意识到这样做很有可能会让帐篷坍塌，所以他选择了另外一种方法，这种方法很快就受到了学校里教职员工的欢迎。

这位新校长对自己提出的第一个问题是：“哪些人可以和我合用一根绳索？”他很快发现一些他可以信任并能与之结盟的关键人物。他逐个去认识他们，倾听他们的想法、希望和抱负，并且与他们分享自己的理念和价值观，这样新校长很快就组成了自己强有力的团队。

当团队的组建和管理方向的重新确定这两项工作完成后，新校长开始把注意力集中到怎样用好他的“岩钉”上。当他作出决定、发布公告和制定新政策的时候，他总是非常审慎地使用“岩钉”以取得最大的效果。

让帐篷牢固和稳定

要让一顶帐篷牢固和稳定，就要保证每一根固定绳索的楔子都牢牢地钉在地上。经营管理一个公司或一个部门也是同样的道理，公司领导人的职责就是保证每件事情都得到妥善的处置。假如你惊慌失措，其他人很快就能感觉到，而且也会随之惊慌失措。假如你自信从容，这样的信心同样也会感染其他人。当你自己心中没底的时候，让帐篷坍塌下来的情况就很容易发生。诀窍在于调动你所有的内心资源来克服你的迟疑和困惑，而绝不要任其发展，直到造成对公司的损害。了解自己，把你的头脑和心灵结合起来，相信自己的能力和判断力，从容不迫地面对所有挑战，这样就能保证你的帐篷牢固稳定地矗立在大地上，能经得起任何疾风暴雨的考验。

第七章

你会自我评估吗？

在职场里，我们大多数人不是评估别人，就是接受别人的评估。这种过程可以说是职场生活的组成部分，而且也是特别有价值的部分。我们往往等别人来告诉我们做得怎样，然后会接受别人的说法，即便评估者对我们并不是很了解，或者他们并没有认识到我们最重要的潜能和能力。

能不能做好自我评估是个很大的问题。你要有勇气在镜子前长时间地仔细观察自己，然后看看自己能发现什么。我们是否经常能把强光灯照向内心去对自己作出评价？我们是否经常坦诚地问一问自己，在我们的生活中有哪些事情可行，哪些不可行；我们擅长于哪些事情，而在哪些方面又需要进一步地提升；我们已经取得了怎样的成绩，我们的目标又在何方？对大多数人来说，他们难得或从来不去回答这些问题。然而，当自我评估成了生活习惯的一部分时，它会帮助你建立起一种你所向往的生活状态，它会成为你的一种不可或缺的工具。

在这一章里，我将讨论与自我评估有关的问题，并且鼓励你去培养自我评估的习惯，使它成为你生活中的自发习惯。假如了解自己是第一步，那么自我评估就是第二步。这样说的意思是你可以经常去更新你在自我了解方面的信息，做到更深入地了解自己。

自我评估首先需要保持头脑清醒，对自己诚实并信任自己，然后选择好自己的人生道路和最重要的人生目标。自我评估意味着问自己：“在我自己眼里，我做得怎样？”这要比你在别人眼里做得怎样更加重要，因为在每一天里，你第一个和最后一个相处的人就是你自己。假如你满意自己的举止行为，你喜欢自己和自己所从事的工作，相信自己能把工作做好，你就会培育出自信心和从容不迫的气质，别人就会被你所吸引。

我会告诉你怎样通过简单的练习和自我检查的方法来做自我评估，并用自我评估的手段来推进你的职场生活。我还会讲解培育个人价值观的重要性，你要按照自己的，而不是别人的价值观来评估你自己。

假如你不愿意评估自己，那么你也难以准确地评估别人。缺乏自我评估的人内心会变得慵懒荒芜，会让那些过时的无益行为和习惯统治自己并拖住自己的脚步。自我评估是了解自己，把自己的头脑和心灵结合起来的基本组成部分。

自我评估的检查表

尽可能诚实地回答下列问题：

你喜欢自己的工作，并且愿意把这项工作继续做下去吗？

你喜欢自己的工作方法吗？

你喜欢自己对待同事和下属的方式吗？

你了解自己的短期和长期目标吗？

你是否经常调整和重新检查你的目标？

你是否感到自己能继续从工作中学到新东西?

你有前瞻性吗?

你的职场生活和家庭生活之间有良好的平衡吗?

你对自己的工作有成就感吗?

你能及时发现问题吗?

假如你对所有问题的回答都是肯定的，那么你的职业生活很完美。如果有某个问题的答案是否定的，那么你就需要去深入关注这个领域。假如答案是否定的问题超过了三个，你就到了必须重新审视你的职场生涯并采取新的行动的时候了。

你很警觉吗?

当我在“黑色守望”部队担任神父时，有一次部队被派遣到中美洲的伯利兹。在一个寒冷的清晨，我观看了B连军士长斯塔奇·史密斯做的激励行军练习。“你们的注意力不集中，”他对着士兵们大声吼叫：“保持警……觉！”过了一会儿，士兵们的操练还是达不到他的要求，气急败坏的斯塔奇怒吼道：“你们的注意力还是不集中，保持……警觉！”然后他又喊道：“好好想一想吧，你们这群白痴！”

在个人或团体的培训课程中或在会议上，在需要保持警觉的场合下，我总是无数次地想起这个故事。因此我从中引申发展出一种被我称为“警觉”的练习。这个练习在“CGEY（凯捷安永咨询公司）会议室卓越表现”的培训课程中被证明有很好的效果，该课程的参与者都是世界著名和有影响力的咨询公司成员，他们有志于从总监／副总裁的职位向着合伙人／总裁的职位发展。我也很高兴地看到，这个练习作为一种良好行为的指导原则和自我评估的检查表，正越来越多地在许多公司里被行政人员和各层次的员工使用。

当你见到“警觉”练习的标题时，问自己你是以何种方式在你的生活中应用它的。现在我们就来看一看这张广泛而详细的自我评估表。

A　背景意识

在工作中，你是否经常注意到自己周围发生的事情？你是否注意到你的同事、谈判对手或你向他发号施令的人已经显出疲态？你是否知道他刚与秘书吵了架，这一天过得不顺当，或者家里出了问题？你能对这些事情加以考虑并作出相应的调整吗？你能花上五分钟时间来帮助别人，或者只是倾听别人的诉说吗？背景意识涉及更广阔的视野和透过事物表面看见真相的能力。你感到这样做有难度吗？你有时是否像一架蒸汽火车头，只管自己轰隆隆地往前开而不顾给环境带来了噪音？你是不是应该采用一种不同的、更为审慎和细心的方法呢？培育背景意识要从留意周围环境的细节开始，观察房间和房间里的人，以及人们之间的互动，然后对自己的行为和期望值作出相应的调整。

在曼彻斯特有一位年轻而事业有成的顾问，他已经习惯于自己早期的成功。但他的新计划给他带来了更大的挑战，这项计划对他和他的团队都是一种勇气的考验，同时也会给他们带来更大的提升和成功。他对于即将召开的一次关键性会议非常担忧。我要他描述一下自己的恐惧，他解释说，他发现那个会议室让他感觉讨厌，而会议就将在那个会议室里召开。同时他也害怕公司的总裁。他担心在自己不喜欢的环境里，面对着一个让他感到害怕的人，在这样的情况下他难以作出良好的表现。

迄今为止他除了惊慌失措之外什么事情也没有做成。我鼓励他培育自己的背景意识，这时他才开始试着从总裁的角度来考虑问题。他意识到对总裁本人来说这个会议也同样重要，他开始把总裁看成一个也有着自己弱点的平常人。然后他画出了会场布置的草图，这样他会对会议室更加熟悉一点儿。同时他也写下一些能给自己带来提示的关键词语，以便在开会时把它带在身边。

当会议即将召开的时候，他发现自己已经做好准备并且心里非常平静。这种细致而谨慎的准备工作使会议最终取得了很大的成功。

L　左边场地

你有足够的自信去标新立异吗？你会不会改变一下俗套，去寻找一种做事的新方法，或采用一种观察事物的新眼光？用美国棒球术语“左边场地”来做这样的描述很贴切。“左边场地”的意思是拒绝一切预想得到的结果，去寻找一种能给自己带来不同、兴奋、愉悦和成功的新方法。这种方法也意味着问一问自己，你是否能随时跟上外部世界的潮流？你能全方位地接触到媒体、广播和电视发布的新闻吗？你是一个有趣味的人物吗？午餐或咖啡时间的谈话常常能给你的会议或计划带来意想不到的成功。

一天深夜，英国首相布莱尔16岁的儿子尤安·布莱尔一个人待在伦敦的莱斯特广场上，他看上去精神沮丧、疲惫不堪。此事引起了许多英国人的愤慨，他们责问是谁在监护这个孩子？在这么晚的时候，这种状况下，他在那里干什么？

你可以很容易地把这样的议论归结为“老套的右边场地式的思维”。这种思维在媒体的报道中、社交的谈话中和商务交易和谈判中司空见惯，许多都是如出一辙。然而“左边场地”式的议论却要有意思得多——年轻的尤安·布莱尔一定是被他的同伴抛弃了，以至于他只能孤身一人待在伦敦的市中心。在他需要帮助的时候这些人跑到哪里去了呢？这种“左边场地”的思维常常能引发更广泛的话题和更有意思的谈话。

E 能量

你了解自己的能量类型以及它是怎样影响你的工作吗？你是否会得“能量雪盲”以至一时忘记自己正在做什么？你能读懂你自己以及周围人们的生物钟吗？你为补充自己的能量做了些什么？沉溺于某种成瘾的习惯（如咬指甲、暴饮暴食等），比起去了解自己的能量水准和生物钟，并据此调整自己的工作和生活方式，总是要来得更轻松自在一些。许多不健康的生活方式和习惯之所以养成，就是因为它可以使得人们逼迫自己不断工作直到精疲力尽，以至忘记了他们自身真正的需要是什么。

你是否能完全意识到你的生物钟节奏，并知道何时何地你能发挥最佳状态吗？你是否能把这种对自己的了解运用到谈话和会议中，以及商务会谈中吗？就像汽车里的电瓶不可能无休止地重复充电，在某些阶段你需要及时地让自己得到更新和恢复。经常体检是必须的，并且要按照医生的建议去采取明智和谨慎的行动。只要对自己稍微好一点儿，你就不仅能使自己保持最佳状态，而且也能让他人进入最佳状态。

有一位富有活力的杂志编辑快要到40岁了，他惊讶地发现自己总是感觉疲倦，身体也常不舒服。他以前常为自己睡得少并且能保持精力充沛而感到自豪。他常常每天工作12个小时，然后又参加社交活动直到深夜。我要求他在一个星期的时间里，通过记录自己的生活情况来检查他的健康状况，其中包括他每天活动的详情，特别是能量的低潮、饮食和运动等方面的情况。

结果很有趣。他发现自己在一天开始的时候精力充沛，然后在上午较晚和下午较早的时候感觉疲倦，而到了下午晚些时候他又恢复精神了。他从不参加运动，而且吃得很不合理——不吃早饭，喝很多咖啡，午餐吃得过多，晚餐又吃得很晚，而且通常在用晚餐时喝很多酒。

他并不希望全部改变他的生活方式，但是为了让自己感觉舒服一点儿，他愿意作出一些调整。他开始吃早餐，午饭吃得少一点儿，少喝一点儿咖啡，并且在工作日中晚餐时不喝酒。他也开始每周三次在工作之后去健身房，他发现自己很喜欢参加健身。就是通过这些改变，他的健康状况和能量水准得到了改善。他还开始针对自己午饭后的能量低点作出调整，他不再在这个时间段安排会议，而是在这一个小时左右的时间里做一些比较轻松的工作。

R　重新审视自己

生活常常像一场交易。你现在的自己是不是你想要做的那个人，你对自己的感觉还好吗？你会花时间来关注周围正在发生的情况，哪怕你正在参加一次重要的会议？你是否观察到谈判结束后人们的表情，他们有没有如释重负的感觉？你是否经常重新审视你在计划、人际关系和生活目标方面的进展？

你能做到的对自己最有好处的一件事情，就是在每天结束时花上几分钟时间来回顾一下当天发生的一切，想一想你对哪些事情感到满意，哪些事情需要作出改变，或者可以用不同的方法去做。这种重新审视不同于那些充满焦虑的没完没了的分析。重新审视应该在自信和心平气和的状态下去做，时间不要超过几分钟。然后你可以把所有的事情放在一边，直到应该处理这些事情的时候来到。重新审视与能量密切有关，因为为了审视在谈话中、会议中，或者甚至在你的整个人生中你处于什么阶段，你需要意识到自己的能量水准、生物钟和健康状况。

一位年轻的成功人士服务于一家财务公司，她的职业生涯一直一帆风顺，直到她最近犯下一些大错误。她先在一单生意中出了错，不久在第二单生意中又出了错。她担心自己正在丧失良好的判断力，所以前来参加我的培训课程。她刚来见我时正在考虑自己是不是应该提出辞职。她知道尽管自己以前工作出色，但如果再犯一次错误就会被公司炒鱿鱼，她不知道自己下一步该怎么办。

她做了“警觉”练习，在做到重新审视自己这一步骤的时候，她开始明白自己的问题出在哪里。她意识到她的两次错误都是在一天工作将要结束的时候犯下的，当时每个人都急于下班，她由于担心时间紧张而匆忙行事，结果出了问题。如果她能后退一步去重新审视一下当时的局面，她也许会立即结束当天的会议，再安排下一个会议来完成这桩交易。这样她会使自己有机会找到更好的解决方案，把事情解决得更加圆满。

从这以后她开始在会议进程中审视会议的进展情况，常常利用十分钟的休息时间静下来想一想，然后再回到会议桌上去。她接下来的几单生意都做得很成功，她感到找回了对自己的自信心。

T　时间安排

你会为做好一件事情给自己留出充足的时间吗？你是否匆忙行事，在太短的时间里给自己安排太多的工作，以至在一天结束时感到精疲力尽、一事无成？你是不是那种毫无时间观念的人，总是想把一件一小时才能做成的工作在20分钟里完成？良好的时间安排对交易的成功或私人谈判都非常重要，它能创造出一种充实而愉快的生活，而不会让人感觉负担过重以致到了不堪承受的地步。

当你学会了时间安排的艺术后你会意识到，当你用一张没有结尾的工作表去和时间赛跑时，输的人总是你。时间安排的艺术在于面对现实，在于学会区分事情的轻重缓急，也在于知道什么时候应该停步。那么，我们现在就来仔细看一看你是怎样安排自己的时间，在哪些方面你需要作出改进，以便为自己找到一种更加合适的生活节奏。

有一位年轻的行政人员抱怨说自己总是感觉匆忙，他承受着太多的工作压力，或面对太紧迫的工作时间表。虽然他只有33岁，但是他感到自己像是生活在一架调得过快的跑步机上，他经常要一路小跑才能跟上生活的节奏，这让他感觉疲惫不堪。他本来热爱自己的工作，但是由于工作节奏太快他感到自己已经失去了对工作的满足感和乐趣。

他做完了全阶段的“警觉”练习，也许“时间安排”这一条对他日益兴旺发达的事业最有帮助。他经常保持着“警觉”状态，并且常让自己在工作和私人生活中做一做“警觉”练习，他发现自己变得更加成熟了。除此之外，他还发现自己重新找回了自己的幽默感和精神乐趣。

要让“警觉”方法奏效，你需要诚实而有人性，就像军士长斯塔奇·史密斯喜欢对他的士兵所说的那样：“你需要保持警……觉。”已经有无数的男女把这种方法运用于私人场合或比较正式的会晤上，甚至用在各种重要场合或正式会议上。许多人因此把对自己的了解提高到了一个新层次，也增加了对他人的了解。他们因此有能力去改变困境，建立起更好的商务和工作关系。

“警觉”练习为我们提供了一个方便的平台，它可以很容易地在你的头脑中搭建起来，然后你就可以去做这个练习。培育“警觉”的品质可以帮助你在工作上取得更大的成效、乐趣和满足感。你也能学会给别人更多的自由，更重视他们所作的贡献，并让他们感受到你的信任。这样反过来也会提升他人的工作表现、意识和自尊，为他们的日常生活带来更多的乐趣。

诚实地面对自己

要依据自己的信仰和核心价值观来作自我评估。例如，假如你相信每个人都应该得到尊重和礼遇，你就会根据这个信念来审视自己的行为。假如你发现自己的行为达不到这个标准，如喜欢用粗暴的语言或行为来对待同事，你就会考虑怎样调整自己的行为。例如，你是否感觉过度劳累、紧张或压力过大？这些或许就是你粗暴对待别人的原因。这时真正需要作出的调整是缓解你的压力，让自己有更多的休息时间。

那么，意识到什么是对自己最有意义，并愿意信奉终生的信仰和价值观就是一件重要的事情。当你意识到总是有些人对你持批评态度，或者希望用某种方式来伤害你，在这种情况下你就更有必要坚守自己的信仰和价值观了。当你遇到这样的人时——我们每个人都免不了会有这样的遭遇——你就需要坚守你的信仰，而拒绝接受那些不同于你信仰的理念或根据那些理念来行动。

作为校长，我经常要对那些即将离开劳莱特学校走向外面的世界的学生说再见，我对他们取得的成就和在学校期间作出的贡献表示感谢。我还会送给他们一些忠告，他们常常会因此感到惊奇和有趣。我告诉他们："当你开始去创造一种不同的生活时，不要让乞丐把你吓倒了。"（他们常会变着腔调学我的这句话！）

我对他们解释说：我这句话的意思是，有些人总是以为自己比别人高明，或比别人领先，当你朝着自己的目标去努力时他们会妒忌你的抱负和进取精神。永远不要让别人那些冷漠、沮丧、妒忌或激烈的言辞来阻挡你的脚步，以至放弃自己的追求。

有一次我在劳莱特学校遭遇困境，我记得我的导师和朋友赫克托·莱恩对我说："诺曼，为什么你要被那些小人吓倒？"任何人要取得成功，都要学会在前进的道路上避开这些小人。是让这些小人来阻挡你前进的脚步，还是你对他们的行为一笑置之并坚持自己的方向，这一切都取决于你自己。你知道你对自己是诚实的，这才是所有一切中最重要的。

我在英国广播公司工作期间，董事薪酬委员会的成员从四位增加到了八位。薪酬非常重要，当时人们甚至争议说，最终所有的董事都将参加到薪酬委员会中。我清楚地记得，有时我需要勇气才能面对某些高额奖金给我带来的不安。我常常感到身负责任，把英国广播公司是一家从事公共服务的公司这一点牢牢铭记在心。在讨论大幅度增加薪酬时我总是会把自己的意见说出来："到哪里去弄这么多钱？这些钱足够付十个护士、社工、部长或教士整整一年的工资了。"

要敢于把自己的意见说出来，我从来都感觉这不是一件容易的事。尽管有几次也有人倾向同意我的意见，然而失望总是最终的结果，薪酬委员会还是决定发放高额的奖金。有时人们似乎也感到我的意见是正确的，但是市场上薪酬竞争激烈，这样的现状还是影响了他们的观点。尽管如此，我至少感到自己已经尽了最大的努力，来让我的同事们接受我的观点，我坚持了自己的信仰和价值观。

坚守自己的信仰和价值观有时会使你变成孤家寡人，生活也会因此变得很艰难。但这样做会给你带来强烈的自我认同感和明确的方向感，并把你引向最终的胜利。

“苏格兰飞人”伊利克·里达尔的故事，是坚持自己的原则并最终取得更大成功的典型事例。在1924年巴黎奥运会上，他拒绝参加在星期天举行的精英100米赛跑，因为这样做的话他就不能过安息日了。虔敬的里达尔改为参加400米决赛，一位当时最伟大的美国运动员给了他一张纸条，上面写了一句引自《圣经》的话语：“那些给我荣耀的人，我也会以荣耀回报。”里达尔是一位在精神和体能方面都训练有素的人，他也是苏格兰国际橄榄球队的队员，他最终赢得了400米赛跑的奥运会金牌。这个故事后来被拍成了获得奥斯卡金奖的电影《烈火战车》。

哥伦巴挑战

“哥伦巴1400”国际领导艺术中心在斯凯岛上的斯塔芬。我们中心有一条非常简单的价值规则，它被前来学习领导技能的学员们所采纳，我们把这条规则称为“哥伦巴挑战”。这条规则与自我评估有关，你要问自己你现在做得怎样，怎样才能进一步提升自己并发掘出自己的潜能。“哥伦巴1400”的座右铭来自约翰·巴肯所写的《蒙特罗斯的侯爵》这本书。1644年在蒙特罗斯，有一位著名的苏格兰将军在英格兰内战中支持保皇党，他集合起被人称为“衣衫褴褛的短尾巴军队”，打败了更为强大的联盟军。蒙特罗斯人之所以能得胜，主要原因归功于将军本人指挥有方，以及他对于每个人的潜能的始终不渝的信任。“我们的任务，”他说，“不是把崇高放回到人性中，而是把它从人性中发掘出来，因为崇高本来就在那儿。”

因此，“哥伦巴挑战”的基础在于我们相信我们内心都有着崇高的理念。在过去几年里，来自许多公司和机构的学员们，无论是恩斯咨询公司的顾问还是苏格兰哈利法克斯银行的实习生，无论是劳斯莱斯公司的学徒还是劳埃德银行的职员，他们都把“哥伦巴挑战”引入到自己的工作和生活中，作为一种能经常使用的自我评估工具。

“哥伦巴挑战”有六条标题，要求你在重新审视自己职场生涯的同时，对自己的价值观、信仰和人生目标加以思考。

Awareness 意识

自我意识既是起点，也是认识你自己的信仰和价值观的关键。当你愿意把聚光灯照向你的内心时，你已经显示出了勇气。要面对你自己的阴暗面并不容易，但是自我意识要求你去观察你的所有方面，通过这样做来发现什么才是对你最重要的。

Focus 聚焦

当你知道了什么对你最重要之后，你可以更明确地指向这一点。你想抛弃哪些弱点，你想取得哪些成就？一旦你的注意力聚焦在那些对你最重要的事上，你的能量、想法和驱动力就会随之产生。

Creativity 原创性

当你有了自我意识并且集中了注意力之后，就需要采取经过审慎考虑的行动。通过这样的行动我们激发出内心深处的原创性，这种原创性能使我们每个人都变得与众不同。

Integrity 诚实和正直

没有诚实正直的品德，就难以建立经得起挑战、冲突和时势变化考验的价值观。当你行走在自我实现和贡献他人的道路上时，诚实正直的品德是你取得成功的基本保证。

Perseverance 坚韧不拔

没有不屈不挠的精神，就不可能完成人生任务，取得事业成功，为未来打下基础并能有所发现。如果你能真正意识到自己的潜能和内心的崇高，你一定明白失败是成功之母这个道理。只有坚韧不拔，我们所有的品德和力量才能迸发出光芒。

Service 服务他人

一个具有自我意识，能集中注意力，有原创性并有诚实正直和坚韧不拔品德的人，会发现自己有服务他人的需要。人性崇高的标志之一就是愿意服务他人。南非第一位黑人总统纳尔逊·曼德拉是一个具有非凡勇气和诚实正直品德的人，有一次他在对他的导师和朋友瓦尔特·斯苏鲁表示敬意时说："我是一个天生的统治者，瓦尔特帮助我认识到我真正的使命在于服务人民。"

运用哥伦巴规则的具体事例

通过使用哥伦巴规则来确认你的价值观之后，你会发现自己希望以更坚强、更善良、更投入和更具个性的面貌出现在他人的生活中。对于那些来到"哥伦巴1400"的年轻人来说，"哥伦巴挑战"无疑会成为一座灯塔，照亮他们自己从来没有想象过的未来。

汤米是一位来自格拉斯哥的年轻人，他来到了"哥伦巴1400"。他曾经在童年时代受到过虐待，后来他又成了吸食海洛因的瘾君子。他在吸食海洛因差不多十年之后，又改为长期使用美沙酮。在他来到中心之前，他每天能做的就是离家20分钟去买美沙酮。他对自己充满厌恶，感到自己不会再有希望和未来。在他即将离开我们时，他不再害怕对别人说话，他发现自己也想为帮助他人作出一点贡献。汤米现在在格拉斯哥的一家慈善商店里工作，在业余时间里他会走家串户，去为阿富汗的儿童收集衣服和玩具。

在汤米即将离开“哥伦巴1400”的时候，他留下了一张手写的纸条，上面写道：“谢谢你。在过去的12年里，我宁可要海洛因而不要我的女儿西沃恩。现在我要回到女儿和她母亲的身边，去重建我们的家庭。”后来他也确实这样做到了。

埃德蒙·希拉里爵士是一位运用哥伦巴品德的典范，他和夏尔巴人丹增一起于1953年征服了珠穆朗玛峰。在纪念两位勇士登山50周年的招待会上，新西兰总理海伦·克拉克把埃德蒙爵士说成是“世界上最富盛名的新西兰人”，她说：“他向我们展示出来的是远见、勇气、坚忍和正直的品德，我相信所有这些美德是他半个世纪以来一直能鼓舞我们所有人的原因。”

举止风度比谈话内容更重要

在危机来临的时候，那些总裁、主席、管事、校长、总监或者高级顾问免不了要召开员工、股东或媒体的会议，无论是内部的还是外部的。在这样的时刻，假如你是一位经验丰富的领导人，你会意识到自己沉着镇定的神态、举重若轻的风度会对事态的平息起到很大的作用。

一般说来，相对于你的专业知识，人们会更加看重你的自信心和领导能力。例如，假如你在电视上露了面，你的朋友和家人更倾向于议论你的外表和神情，而不是你的谈话内容。假如你问他们是否记得你说了些什么，他们几乎会毫无例外地说：“我记不清你说了些什么，但是你看上去很有精神（或很疲倦等等）。”当你身处领导地位时，记住这一点会对你很有帮助：尽管你为自己公开讲话的内容煞费苦心，但人们还是经常根据你的外表来对你作出判断。正是出于这个道理，你要注意自己的举止和风度，用以下各条来提升你在各种场合的权威感和自信心：

1. 要保证自己穿着得体，外表干净整洁。

2. 要从容不迫，过于匆忙走进会议室会让人感到你惊慌失措。让自己步履从容，不缓不疾。

3. 学会停顿，在开始讲话前运用停顿的方法，会使你的讲话更有力量。

4. 面带微笑环视在场的每一个人，这样会使人感到你沉着自信。

5. 讲话要简短，要有针对性。

做你想做的事情

我们经常会发现，当我们在做“警觉”练习或哥伦巴练习时，我们有时会有意无意地给自己设置一些障碍。是什么在阻挡你去做自己想做的事情？可以肯定这些障碍大部分是你自己造成的，尽管有时表面上看起来不是这样。

极具天赋的波士顿爱乐乐团指挥本·桑德尔用他的音乐技巧来说明我们通常强加给自己的障碍。他用钢琴奏出一段特定的乐曲，先用一个8岁儿童的力度，然后用一个13岁少年的力度，之后再用一个成人的力度，最后用一个钢琴家在音乐会上演奏的力度。在每个步骤当中，本·桑德尔会在某个时间点上停下来对观众说："现在我将进入高难度部分。"他的观点是，无论我们在哪个年龄段，即便我们具备了钢琴家的能力，我们总会遇到这样的时刻，我们会告诉自己即将"进入高难度部分"。

要发现这些自我设置的障碍，首先要做到的是接受它们，并且意识到人人都会遇到这样的问题。然而，我们是否希望自己生活在童年时代别人强加于我们的自卑、困惑、恐惧和批评所带来的情感阴影之下？鼓起勇气去找出这些障碍，你就能够开始清除它们，并且为实现自己的梦想和目标开辟新的道路。把注意力集中到生活中真正重要的事情上，去培养能给自己带来满意结果的新习惯，在信仰和实际行动方面作出新改变，这样你就会有一个更加美好的人生。

当遇到困难的时候

遇到困难的时候也是考验我们勇气的时候。当你在作自我评估的时候，问一问自己在遇到困难时会有怎样的反应。你是否会惊慌失措，责怪他人然后逃之夭夭？抑或你面对困难时抬头挺胸，咬紧牙关，最终战胜困难而变得更强大，更聪明？

在空降兵部队里常用归属感和献身精神来激励士兵，他们有一种很好的说法：“你永远不会有你想象的那样疲惫。”戈登斯敦学校的箴言也很相似：“你所拥有的能力超过你的想象。”当你遇到困难、感觉自己时运不济、穷于应付的时候，这些都是很有价值和哲理的想法。

当我离开空降兵部队的时候，这个部队只有40年的历史。然后我加入到有240年历史的皇家高地团——“黑色守望”部队，很快我就感受到了这个部队特有的忠诚和深厚的传统。军官、士官和士兵之间的关系亲如家人，大家经常会开一些玩笑，部队里有很好的诙谐幽默的氛围。

要了解自己身陷绝境时会发挥出怎样的能力和潜能，军队是最理想的地方。同样，在经受了身体和精神双重的严酷考验之后，得到的成就感和满足感也是无与伦比的。每个领导者或潜在的领导者都会遇到考验你决心的时刻，这时你必须面对可能的失败而继续朝着胜利迈进。这样的时刻最能显示出我们所具有的人格和品德，而我们若一旦战胜了困难，就能面向更加光明的未来。

养成自我评估的习惯

在你开始问自己“我做得怎样”或“我怎样才能作出更大的贡献”之前，你可能一直被各种耗费精力的陈旧习惯所掌控。除非我们决定重新审视自己的行为和选择，否则我们都难免会不假思索地沿着日常习惯轻车熟路地滑行。你要依据自己的价值观来作自我评估，以便你能选择哪些行为可以成为你日常生活和工作中的可靠行为。经常的自我评估会让你保持正确的方向，并成为你继续发现自己和开创未来的有用工具。自我评估不仅对自己有价值，而且也会让你成为别人的榜样。当你问自己那些别人从来不会自问的问题时，能给你带来的机会将是无限的。

第八章

权力和责任

无论在哪一个层面上，无论是在工作中还是生活中，权力和责任都密不可分。我们都手握某种程度的权力，即便是新来的实习生也有权决定是把工作做好还是做坏，是勤奋努力还是拖延塞责，是去发掘和培育自己的潜能还是虚度光阴。

随着爬上更高的职场阶梯，我们的责任增加了，权力也相应增加了。我们开始肩负着工作和培养他人方面的责任，同时也掌握着一定的主宰他人的权力。到后来我们会升迁到权力越来越大的岗位上，随着权力的增加责任也越来越大。蜘蛛人的叔叔本在这方面做得不错，每一位合格的管理人员都知道这一点。

有权就是身居能发挥影响力或权威性的职位；负责就是能在任何情况下作出恰当的反应，并对自己的行为负有道义上的责任。负责任的最高境界在于睿智地、深思熟虑地去使用权力。不幸的是，有许多追逐高位的人在如愿以偿之后，往往沉迷于他们的职位所带来的特权中，而忘记了自己应该负有的责任。当这种情况发生时，无论对于个人还是机构来说，结果都是破坏性的。

在这一章里我将讨论行使权力或滥用权力的问题，以及我们对自己和他人应该负有的责任。我也会问一个有关权力的根本问题：你是一个合格的领导者吗？我会让大家来做“当一回领导者的测验”，以便你能发现自己是否已经具有了真正的领导能力，并能够承担领导职位所赋予你的权力和责任。

不是所有的人天生就具有领导能力。了解自己能否胜任自己的岗位对任何人来说都很关键。不是每一个经理都是合格的管理者，有智慧的人不仅能看到别人，更重要的是能看到自身存在着的差距。

滥用权力

滥用权力意味着不能担负起对他人负有的责任，而不幸的是这种失责的情况随处可见。在职场里有许多手握大权的人喜欢滥用权力，他们经常威吓和辱骂他们的员工。这种威吓、辱骂有时通过微妙的表情或语调来呈现，有时则是直接对人大喊大叫或发表长篇大论。

芭芭拉是国内一家妇女杂志社的编辑，她有活力，有领袖气质和魅力。她总是自信满满，每天像一阵风一样走进公司，到处发号施令，召开会议，随意变更她以前作出的有关杂志排版和装帧方面的决定。芭芭拉已经多次跳槽，因为那些杂志社的老板都被她的名声所吸引——无论她到哪里，都能给杂志带来发行量和人气。

然而芭芭拉还有杂志社老板们从来没有看到的另外一面，但是那些害怕她的下属们早就对她了如指掌了。她喜怒无常、情绪多变，能随时从天使变成恶魔。没有一个人，包括她最信任的下属能猜到某一天甚至某一个时刻她会以怎样的面目出现。她会大声辱骂她的部门经理，尽管每个人都在背后取笑她，但是大家还是害怕与她相遇。有一天她对一位迟到的助理编辑发怒说："你看这儿有人像你这样的吗？"但过了几个小时后她却友好地邀请这位助理编辑去用午餐。到后来大多数员工只能另谋他职，芭芭拉的天分被她的恶毒语言和喜怒无常的脾性所遮蔽了。

像这样的行为是粗鲁的，它能损害和诋毁一个人在其他方面作出的努力。雇员们不可能与老板对骂，即使他们心里充满了怨恨。那些身居高位的人们有责任尊重他们的同事和下属。

对那些手握大权的人来说，始终如一和可预见性也是重要的美德。当人们知道他们应该怎样与你相处，能对你有怎样的预期，他们就会轻松愉快地去做自己的工作。如果他们总是在等待你下一次的发作和性情的骤变，他们就始终是紧张和勉为其难的。

还有一种滥用权力的方式，就是那些手握实权的人物把自己的利益放在他人利益的前面，这样的实例不胜枚举。有越来越多身居高位的人们把自己的升迁和追求个人财富放在一切的首位。这些人不惜牺牲别人的工作、家庭和生计来谋取自己的金钱和地位。在许多情况下，他们假装用公司的意图来掩盖自己的卑劣行为，他们利用做假账、虚报公司业务和快速撤离的手段来掩盖自己滥用权力的恶行。这些人在离开公司时从法律角度看也许无懈可击，但是他们的缺德行为却早已被公司里每一位员工所看穿，而且也为他们自己的良心所不容。

当然，也有些人犯了把个人利益放在第一位的错误，但他们能认识到这一点，并通过后来的行动作出了改正，重建了他们诚实正直的品德。事实上，这些人有过如此的经历会变得更强韧、更智慧，他们会更有自我意识，并对随权力而来的责任有更深入的了解。

诚实正直的品德有点像一枝芦苇或一棵小树苗，它们有些在大风中被吹倒了，有些却顶住了肆虐的风暴顽强地存活下来。在文学作品当中和历史上有些人物，他们在面对最初的挑战时败下阵来，但他们从失败中吸取了教训，最终还是向世人证明了自己的崇高。彼得是一位门徒，曾被“来自拿撒勒的人”（耶稣）称为“顽石”，他曾经三次拒绝承认他的导师。尽管彼得有过这样的经历，但还是没有妨碍他成为早期基督教的领导人。

在第二次世界大战的早期，“黑色守望”部队的尼尔·里奇将军被温斯顿·丘吉尔解了职。但他后来成了苏格兰军团的总司令，在这个职位上他不仅取得了军事上的伟大胜利，而且也因为勇敢果断地从个人的失败中重新站起来而赢得了部下的尊敬。

亚伯拉罕·林肯曾经在自己的人生中遭受过一连串的挫败，但是最终还是取得了伟大的成功，林肯是“失败是成功之母”的最好写照：

31岁时他经商失败；

32岁时他竞选州议员失败；

33岁时他试图重新创业，但是没有成功；

35岁时他在个人财务上到了山穷水尽的地步；

36岁时他经受了一次神经崩溃；

43岁时他竞选参议员失败；

48岁时他再次竞选参议员，但还是没有成功；

55岁时他竞选参议员失败，次年他竞选副总统失败；

59岁时他再次竞选参议员失败；

1860年，这个用A. 林肯来签署自己姓名的人当选为第十六届美国总统。

历史上最伟大的成就与最惨痛的失败之间的区别往往很简单：艰难困苦，玉汝于成。

彼得原理

那些滥用职权的人往往是一些按照“彼得原理”行事的人。彼得原理的意思是有些人被提升到超过他们能力的职位上，他们以一种过度自信、狂妄自大或小题大做的方式来掩盖他们内心虚弱、无法胜任的事实。在这种情况下他们往往会胡乱折腾最终导致帐篷的坍塌。

有些高层人员认为一个人在某个岗位上做得出色，在他得到提升后，到了另外一个岗位同样也会做得不错。但事实却并非一定如此。一个好记者就一定能成为一个好编辑吗？不一定，因为对这两项工作的要求是完全不同的。当你被突击提拔到一个具有全新职责范围的岗位上时，有时这种提拔会被证明是错误的。当一名记者变成编辑时会发现他告别了自己的强项——报道和写作。作为一名编辑他们需要作出人事、预算、广告和其他许多方面的决定，所有这些领域对记者来说都是陌生的。

观察一下自己的工作环境你会发现，也许你自己或是你的同事就是在按照彼得原理行事。然而，也并非提拔不当的人总是不能胜任，他也可以去适应和学习驾驭他的新工作。在这种时刻需要的是谨慎、自我评估和善于学习，以便自己能真正取得长足的进步。

一家主流上市公司的负责人因为虚荣和势利而名声不好。他擅长于自吹自擂，还喜欢在身边安排许多仰慕他的年轻女助手。这些行为虽然还没有到不可忍耐的地步，但他的同事们都讨厌他。当公司出现问题时，他并没有意识到事情的严重性，他过于狂妄自大的个性使他很难有清醒的眼光。他继续玩他的游戏而无视种种危险的迹象，直到有一天董事会为了拯救公司而突然免除了他的职务。他现在没有工作和他梦寐以求的收入，他过了很久才明白自己的问题究竟出在哪里。

你准备好掌权了吗？

你怎样才能知道，你是否能够去面对权力带来的挑战？你怎样才能知道，你是一个潜在的领导者还是最好接受别人的领导的人？

并不是每个人都能够领导别人。事实上，甚至也不是每个人都想当领导或掌握权力。当领导会给你带来各种好处，但也会带来很大的压力。有许多人不想去承受这种压力，他们对当领导没有兴趣，或出自本能地知道这种生活方式不适合自己。

还有些人喜欢当领导带来的挑战和责任，并把获取权力以及权力所赋予的一切当作自己的人生目标。人们并不能一眼看出哪些人可以当领导，哪些人不能。尽管一个潜在的领导人会表现出明显的迹象，如思维清晰、行动果敢，在面对压力时从容镇定，以及其他特有的品质，如良好的举止风度等。有些人能够后来居上，就像有些看起来没有领导能力的人最终成为了杰出的领导人。

假如你有意谋取一个能执掌权力的职位，或你已经在这样的一个职位上，以下的一些问题会对你有帮助。这些问题会帮助你澄清你为什么要当领导，当领导是否是你应该去追求的理想目标。当然它们并不会给你一个结论性的答案。

你是否准备好在集体讨论后由你来作出最后的决定？

你是否准备好为下属做错的事去面对一位客户的指责？

你是否对决策过程感到激奋并会因此而精神大振？

你是否能够沉着冷静地去面对一项执行纪律的困难任务，如辞退一名员工，而他有一个年轻的家庭需要他养活？

你是否能去发现每位员工的潜能，并鼓励他们发挥自己的潜能？

掌权是一种使你感觉舒服的状态吗？你能适应自己出现在聚光灯下吗？

你是否能把领导职务带来的责任看作第一位，而把其他好处和特权看作第二位？

你能准备好做到以身作则吗？

你是否想利用自己的职权为他人谋取利益，无论是在公司里还是在公司外？

不管你掌握着多大的权力，你能保持你的人性吗？

你可能并不知道这些问题的全部答案，但是假如你能花时间仔细考虑并且诚实地回答这些问题，你就能明白你是否合适做一名领导者。

练习：左边道路还是右边道路

作决定并在作出决定后执行这些决定，是领导工作中的重要和关键的部分。

问一问自己，当面对决策时，你是经常走左边的道路还是右边的道路。对潜在的领导者或已经在领导岗位上的人来说，这是一个有用的练习。

左边道路

左边道路初看上去很吸引人。你可以很容易地找到走这条路的理由，它似乎能带来有益和积极的结果。但是这条路其实是一条所行不远的道路，虽然看上去不错但是难以持久。假如你头脑清醒并对自己诚实，你会看到这条路最终会消失在错乱、失望和挫败中。当你选择左边道路时，表明你急于求成，而不是追求长期稳定的人生和最终的成功。

右边道路

右边道路是一条充满曲折和坎坷的道路，在开始阶段会更加艰难。它看上去毫无诱人之处并且沿途障碍重重，然而这是一条真正考验你能力的道路，并能给你带来真实而持久的回报。当你选择这条道路时，你也选择了长远的利益，并准备好摒弃一时虚荣，坚韧不拔地投身到艰苦的工作中去。

作出正确的选择

你是否经常选择左边道路，并告诉自己这是一条正确的道路？选择左边道路就像在没有事先清洗创口的情况下，在伤口上贴上一张膏药。这样做起初看起来似乎解决了问题，但最终会让你的伤口感染。

你是否准备选择右边道路？选择艰难的道路会使你难以在短期内取得成效，但是会为你的未来打下更坚实的基础。如果是这样的话，你就具备了一个潜在的领导者的关键品质。

美国安然公司的故事是典型的左边思维故事。公司董事会决定接受一笔能快速获利的短期生意，并且没有向股东们披露全部账务。审计者们默许了这笔交易然后他们自己也参与其中。由于贪婪和丧失诚信，结果导致6000名员工失去了工作机会和养老金。右边道路的思维应该是怎样的呢？应该是在任何交易中保持诚信和长远眼光，并始终把员工的利益放在首位。

领导者时刻

“领导者时刻”这个特定词语的意思是，初掌权力的人开始意识到权力带来的责任，并且去面对挑战这样的时刻。假如你选择作为一位领导者，很快你就会面临领导者时刻。领导者时刻可能以某种形式出现，比如是一种感悟、一个决定、一次立场的表明或一个勇敢的举动。对有些人来说领导者时刻的来临是渐进的，而对其他人来说则可能是一次性的、突发的和可能带来人生转折的时刻。

当你经历过了领导者时刻之后，你就知道自己是否有能力去运用好手中的权力。对所有的真正的领导者来说，他们都曾经历过一个决定他们领导者道路的时刻，这个时刻是他们永远不会忘记的。一位领导者在他担任职务期间会不断地面对领导者时刻，但是第一次总是对他的能力和品德的最大考验。

一个国际援助组织的新主席很快发现，在该组织的总裁和其他行政人员之间薪酬差距巨大。总裁有一份丰厚得不成比例的薪酬福利，不仅大大超过了团队的其他成员，而且也超过了类似国际组织与他职位相同的人。总裁采取的是鸵鸟政策，对如此悬殊的薪酬对机构造成的伤害以及给他自己形象带来的损害视而不见。

新主席为此组织了一次专门的独立调查，而总裁对此作出的回应是开始游说其他董事会成员以取得支持。这样他在机构里造成了更大的混乱，并且损害了他和其他董事会成员之间的关系。

最后，这位总裁只能面对事实，承认自己所得到的福利，包括车辆使用和职务消费账单等，是与他的职务地位不相称的。他鼓起勇气放弃了自己的一揽子薪酬，并制订了一项相对简单并能使所有人得益的奖励计划。结果人们恢复了对他的信任，他也为别人树立了勇于改正错误的榜样。总裁和主席之间也建立起了良好的关系，他们一起带领机构成员把工作做好，成为了这个领域里的典范。事实上，这件事后来被认为是在大多数机构的外部和内部的运作中以及其影响力涉及的范围内的一种行为标准。

当这位总裁在宣布放弃自己的薪酬福利时，他在自己的人生中第一次经历了真正深刻的领导者时刻。他的工作从来是高效的，他在热衷于成为一位行业明星的同时，也珍惜同事们对他的高度评价。但是他工作中的所有这些积极方面，都因为他没有能成为一个完全彻底负责的真正领导者而受到了折损。幸运的是他具有更深刻的智慧，他开诚布公并以谦卑的方式承认了自己的错误，并为他的机构和他本人的未来设定了新的标准。

在美国棒球运动中有一种很贴切的说法——“上场”，来描述一名球员代表自己的球队上场时的心情。当然，这只是一种瞬间的经历，它描述的是新手上场时外表激动而内心紧张的片刻。当你开始一份新工作时，当你面对领导者时刻时，也和棒球队员的“上场”有相似之处，你会感到紧张和激动。进一步的例子可以在讲台或舞台上找到——当灯光暗了下来时，你一个人站在麦克风前面对着期待你开场的观众。

在一所著名的大学里，高层人员通过一位董事会成员得知校长不久就要因为他的不当行为而受到指控。学校里很快就召开了校董会议，校长在会上全面坦率地交代了事实，表明局面已经难以扭转。大学的声誉因此受到了影响，教师和学生们开始究根问底，外界的媒体报道也风起云涌。校董们作出了撤换校长和副校长的决定，同时他们也敏锐地感觉到，他们不仅要对眼下的情况负责，而且更要对学校的长远利益负责。

领导者时刻总是突然降临到某些人的头上，而对另外一些人来说却是慢慢到来。在所有的混乱和批评声浪中，董事长和董事们必须重新开始——去处理好敏感的撤换校长和副校长事宜，并为学校的未来找到最合适的替换人选。在董事长清醒和果敢的领导下，董事会成员们作出了良好的回应，他们的精诚团结和高效工作无论在董事会内外都显而易见。似乎这一场突如其来的风暴使他们站到了一起——分担着困难、考验和危险的人们常常会产生忠诚感和同舟共济的感觉。

学校几乎用了三年的时间才从这场危机中得到恢复。事后董事长承认，这个时期是他整个职业生涯中最困难的时期。但是从许多方面来说，这也是最具有挑战性、最能给人满足感的时期，因为他和同事们一路走来学到了太多的东西。

这所大学的每一位董事会成员本来可以在危机爆发时选择离开。他们在自己的回顾中意识到，在“领导者时刻”到来的时候，也是他们每个人必须作出“上场”选择的时刻。

1972年，得胜的英国狮子橄榄球队在新西兰迎战全黑队后回到国内，剑桥大学有幸请到全胜的威尔士狮子队领队约翰·道斯来作指导。那时我还是剑桥的学生，也是学校橄榄球队的成员。道斯的指导方法来自无与伦比的狮子队教练卡维恩·詹姆斯博士，我们的球技因此得到了很大的提高。在那个冬天全黑队也来到了英国，他们要在周四与剑桥队打一场热身赛，然后下个周六他们要再前往加的夫去迎战威尔士队。对我们所有的学生来说，到目前为止这是我们遇到的最大的赛事，尽管我们当中有几个人以前也参加过国际比赛。

在周一和周三下午的训练之后，约翰·道斯把全体球员召集到学校的更衣室里。当他把更衣室的门关起来的时候，房间里一片寂静。然后他在更衣室里一言不发地来回踱步。过了一会儿约翰突然停下脚步打破沉默，他说："假如你们当中有任何人对迎战全黑队有顾虑，门就在这里，你现在就可以离开。"更衣室里的气氛一触即发，很像我后来在空降团穿上伞具，等待登机飞往空降区去跳伞时所体验到的那样。

我们的教练所做的，是面对领导者时刻的完美演示。他所有的时间安排、举止行为和措辞都是为了让所有的剑桥队球员团结起来、全身心地投入到即将来临的比赛中去。这场比赛是我一生中所经历过的最艰苦的比赛，但也是最难忘怀和最能给人带来满足感的比赛。

领导者时刻是能激发出人们最佳表现的时刻，不仅对领导者本人，而且也对他周围的人们。在整个历史长河中，人们总是仰慕那些勇敢而有远见的领导者，他们以自己的能力、抱负和决心来面对他们的领导者时刻。影星罗素·克劳在他获得奥斯卡奖的影片《角斗士》中饰演了马克西姆斯，这个角色在世界各国得到了好评，这一点并不奇怪。同样的还有梅尔·吉布森在《勇敢的心》中饰演的威廉·华莱士和利亚姆·尼森在《罗布·罗依》中饰演的罗布·罗依等。

在19世纪中叶，弗洛伦斯·南丁格尔作为一名年轻护士以极大的勇气和牺牲精神，去唤醒当局关注克里米亚战争中伤员们身处的极端恶劣的环境。因而直到今天，人们还是把南丁格尔当作护士职业的创始人。

同样，温斯顿·丘吉尔因为他在第二次世界大战中所表现出来的杰出领导能力，被公众投票推举为"一千年中最伟大的英国人"。而在新千年中，还有比南非的第一位黑人总统纳尔逊·曼德拉更受公众爱戴的人物吗？所有这些领导人物在面对他们的历史责任时，都是如此的勇敢而且富有远见，以至他们通过自己的“领导者时刻”改变了历史的进程。那些今天置身于领导职位上的人，不管他们的能力大小和地位高下，都能通过学习前辈领导者的诚实正直和坚韧不拔的品德，来把自己的工作做得更加出色。

远见和使命

要达到和超越作为一个领导者的目标，能为他人指引明确的方向，并能在遇到困难时百折不挠，你需要有远见卓识和使命感。早先人们常常把有领导能力的人看作英雄：那些勇敢的人和行善的人，那些在人群中首先采取行动并为他人指明方向的人，那些后人为之树碑立传的人。但是这样的风格与当代领导人所面对的挑战不尽相同。例如早先有许多伟大的领导人，他们的精神境界和使命感带有很多的个人色彩，直到今天他们的追随者仍会为他们原本的精神早已死去而感到惶惶不安。在当代社会，真正的领导品质体现在一位领导者能够有足够的勇气和抱负来创造出一种远见和使命，然后懂得在何时用何种方式来传递自己的理念。用这种方式使他的远见比幻想更切合实际，做好手头的工作比继承传统更加重要。而最关键的是，他可以带领他人把工作进行下去。

练习：远见和使命练习

从繁杂的事务中抽出一些时间来，最好能到一个遥远而安静的地方，然后来回答这个问题：“我生活中的远见和使命是什么？”开始时允许自己最多用十句话来回答，然后走开，边做一些事情边加以思考，比如单独去做一次长时间的步行。几小时之后等你回来时，试一试把这十句话减少到意思最集中、也最容易记住的三句话。你也可以利用清晨空气新鲜的时刻来做这件事。你最终的目标是用不超过十个单词来表述你的个人使命。

用十个单词来写出你自己的远见和使命可以把你的生活目标概括和总结起来，包括你的职业目标和更广义的人生目标。这样做也可以归结出你喜欢别人怎样来看待你并记住你。

面对责任

那些手中掌握着权力的人们必须面对两种责任：首先是对自己的责任，然后是对他人的责任，这两者是同等重要的。

对自己的责任

假如你身处掌握权力的职位而不能负起对自己的责任，那么你也不能负起对他人的责任。这个简单的道理说明：你对自己的负责不是一种自我放纵，而是成为一个负责任的领导者的前提条件。这些自我责任包括：

对自己诚实。

承认自己的错误，勇于改正错误。

关心自己的健康状况，使自己身心健康。

保持生活的平衡，承认工作只是生活的一部分，尽管是很大的一部分。

需要时向他人求助。

能认识到自己的长处和短处。

经常作自我评估。

当你过度疲劳、生病或承受压力时，要善待自己。

要在公司之外找到可以信任的朋友，可以对他说一说自己工作上的困难和承受的压力。

要认识到你的职位对你来说不仅意味着薪酬和其他福利。

对他人的责任

当你能够对自己负起责任时，你也就能够有效地负起对他人的责任。你的下属需要你指引方向并作出榜样。对他人的责任包括：

不要以为自己不同于常人，百里挑一或高人一等，记住没有一个人是不可或缺的。

以身作则，要别人做到的事情自己首先做到。

与每一位员工分享公司的成果和利润。

留意你的同事是否生病、遇到困难，或者过度疲劳，对别人的遭遇表示同情。

尊重每一个人。

倾听别人想说出来的话。

使别人认识到他们自己的才能，热爱他们的工作。

知人善任，根据员工的能力大小分别赋予责任。

创造出一种人人努力工作的氛围。

鼓励他人享受工作之外的生活，有合理的工作时间。

上述这些对自己和对他人的责任，是当好一个合格领导者的基础。当你担负起这些责任时，你得到的回报是良好的人际关系、同事之间互相尊重的工作氛围以及工作效率的提高，你的公司就能取得更大的成功。

眼睛不会说谎

在知人善任方面有良好的判断力，是一位合格领导者责任的一部分。但是你怎样才能知道哪些人可以信任，哪些人不可以呢？

我曾经应邀到美国的一所大学去参加毕业典礼，并在典礼上给毕业生们作演讲。在我演讲结束后，学生们自发地问了许多问题。在提问快要结束的时候，有一位学生站起来问道："德拉蒙德先生，假如你要用一句话来对我们的人生作出忠告，这会是怎样的一句话？"我感到有点意外，于是暂停了片刻，深深地吸了一口气，然后开始来回答这个问题。我说："随着年龄和阅历的增加我越来越意识到，我们的身体和身上所穿的衣物，与我们的个性，以及个性和心灵所独具的潜能相比只是一层外壳而已。确实，当你的心灵和头脑结合起来的时候，你不仅能感受到并按照自己的意愿去生活，而且能从你与生俱来的才能、感知力和直觉中获益，这些潜能都是本来就深植在你的灵魂中的。"

到这时，学生要我说的这一句话才出现在我心中。"眼睛不会说谎，"我告诉他们，"这是我对你们的人生忠告。因为当你看着桌子对面或房间里的某人时，你也许会被他们的体魄、神采、穿着和外表所吸引。但是你只有去看他们的眼睛，等你知道了他们来自何方，有怎样的潜能，你才开始真正认识他们。”

从此以后我就牢记着这一句话，并且在我的讲课中经常使用它。当你遇到一个人时，若他可以用坚定的眼神直视着你的眼睛，而不是眼神飘忽迷离，他的眼睛清澈而自信——那这样的人就是你可以信任，并能够与之相处的人。把“眼睛不会说谎”当作一条认识他人意图和直觉的指导原则，人们就会有更好的互相了解，并以更有建设性的方式互相合作。

他人止步

就像每位领导者都知道，他们中有些人也愿意承认的那样——领导者是孤独的。作为一名领导者，平时你没有上级来指导、批准或否定你的行动，或为你指引正确的方向。与之相反，你的下属则希望得到你的引领，尽管有时你自己对到底该怎样做也并不是很有把握。

在这样的时刻，作为一位领导者需要有强大的内心资源。你只能依靠自己的判断来行事，即便你自己也无法确认这样的判断一定正确。一位合格的领导者会审慎地考虑各种可能的选择，并尽可能地求得他人的忠告。但是一旦作出了决定，无论你是否能确认这个决定的正确性，作为一位领导者都必须坚定地贯彻自己的决定。

我在32岁时接受任命当上了校长，我的副校长资历深厚，他的年龄竟然是我的两倍——64岁。他还有一年就要退休，所以他愿意接受一位年轻的新校长。从许多方面来说他是个勤奋、善于思考、待人彬彬有礼的人。但是我毫无准备地就遇上了这个学期中第一次的纪律事件。副校长前来把棘手的情况告诉我，作为一名新校长我感到有点失措，所以我就请他坐下来，这样我们能更详细地讨论这个问题，并找出解决的方法。

“遇到这种情况我们该怎么办呢？”我问他，“你有什么意见吗？”他为我提出了两到三种可能的解决方案。我又进一步问：“如果是你，你会采取怎样的决定呢？”

听到我这样问，他很快站起来对我说：“决定应该由你来做，我要去上英语课了。”说完他就离开了我的办公室。我一个人留下来，独自作出决定，我也确实这样做到了，同时也从这件事中得到了教益。

这是我永远不会忘记的一次经历，也是对我整个职业生涯特别有用的一次经历。我把这个故事告诉初次参加领导学培训的学员们，因为他们常常会对领导职位所需要面对的严酷现实感到不解。当我在会议上讲到领导者时刻的时候，常常看到人们点头表示同意。当你第一次面对“他人止步”的情形时，是你真正意识到要由你来作出决定的时候。在这样的时刻你会感到某种程度的孤独和脆弱，这种感觉是你以前从来没有体会过的。

就是在这样的时刻，你的性格和价值观开始发挥作用，你对自己的了解和依靠走到了前台。假如你熟悉自我评估——问一问你是谁，你为什么会以现在的方式工作和生活，你会有怎样的未来，你就有能力奋起面对挑战。把恐惧和困惑当作人性的一部分，你就能坦然接受它们，并能够充满自信地去面对未来的挑战。

透过事物表面看到真相

一位合格的领导者从来不会依据事物的表面价值去作出判断，而是能够努力透过事物表面看到一幅全面的图画。假如你不知道事情发展的过程，不了解人们的真实想法，不熟悉人们在工作中的合作情况，你单凭人们放上会议桌的东西就难以作出正确的判断。

我在英国广播公司担任苏格兰总管时学到了这一点。我曾经从在斯凯岛的家飞往伦敦去参加每月一次的总管会议，过了一段时间我才了解到他们是怎样工作的。人们经常会向我提交一次谈判或一项业务的最终成果，这使我感到疑惑不解。后来我才意识到，所有真正的工作，沟通和谈判已经在事先做好了。后来我每次开会时会提前一天飞往伦敦，用这一天的时间来了解有关的背景情况。我会去会晤英国广播公司的部门负责人，了解事情的进展，找到问题出在什么地方。用这种方式我能作出更大的贡献，并更多地参与决策过程中。只要用一点儿时间去倾听和了解，就会给你的工作结果带来很大的不同。

相信自己

权力有着巨大的诱惑力，因而有许多人会锲而不舍地去追求它。想要得到权力本身并没有错，只要你能同时负起权力所赋予你的责任，这才是权力和责任“套餐”中的最重要部分。

假如你已经做了必要的工作来了解自己，并且已经充分认识到了你的长处和短处，你就能知道自己是否能正确地掌握权力。这样的人有勇气来面对困难，能在有需要时向人求助，并且能与他人分享成功。

有团队精神至关重要。你也许是团队中的领导者，但是要认识到团队中的每个人都很重要，并且让他们自己也了解到这一点。领导者不必亲自去做每一件工作，或熟悉每一个专业领域，所以作为领导者要善于根据他人的能力和专长授权。有勇气承认自己不是什么都懂，是一个人能做到了解自己和信任自己的标志。

睿智的领导人把注意力集中到自己能改变和改善的事情上，而很少在他们做不到的事情上面浪费时间和精力。他们能有效地利用时间，并且明白执掌权力唯一的正当理由，是造福他人。

第九章

让事情变得简单一点

能让事情变简单是一种不可低估的能力，在很多情况下，最简单的方法往往是最有效的方法。然而，人们常常喜欢用文件、官僚作风、名目繁多的会议等来把事情变得复杂化，并给自己带来烦恼、挫败、厌倦和过度劳累的后果。幸运的是，把事情复杂化的必要性往往是不存在的，而让事情变简单也不像大多数人想象的那样会给你带来许多的问题和麻烦。把事情变简单意味着培养一种能力：你能够直接抓住事物的本质，并且用一种直接、简单和科学的方法来完成它。本章的内容是有关超越漫长的决策过程和复杂的目标系统，找到最短、最清晰和最简单的途径来达到你的预期目标。

把事情变简单是从内心出发去改进外部表现的最重要的原则之一。当我们把目光转向内心时我们就能更了解自己，人生在顷刻之间变得更加简单明了了。这时我们会更容易地作出决定，更清晰地理解自己的目标，更敢于面对事情的真相。我的大部分客户，尤其是那些在公共机构工作的人，还有越来越多在私营机构工作的人，因为自己的原创性被复杂的程序和不必要的官僚作风所扼杀而感到苦恼。我所做的工作有很大一部分在于帮助他们整合和简化他们的职场生活，最终大大缓解和释放了他们身受的压力。

在一个星期天的上午，一位有名望的神父正在主持礼拜。神父的妻子也在做礼拜的现场，她递给神父一张纸条，纸条上只是简单地写着“吻你”（KISS）。神父对来自妻子的温情和鼓励感到很愉快，他的布道做得更长、更有激情了。他花了很多时间来称颂爱，而听众们则昏昏欲睡，眼睛都快要闭上了。

神父在布道完毕后找到妻子，很想知道妻子对他的布道有什么看法。“你没有看见我给你写的纸条吗？”妻子问道。神父回答说：“我见到了，非常感谢，亲爱的，有你的爱心真好。”妻子快如闪电地回应说：“正因为我关心你才给你递了纸条，提醒你的布道要简短一点，傻瓜！”（KISS也是英文“让事情变简单一点，傻瓜”这几个单词的首写字母。）

尽管这样做也许会伤害神父的自尊，但是“让事情变简单一点，傻瓜”是一条我们在所有情况下都应该牢记的忠告。

你是否感到自己已经被各种繁文缛节所吞没？你是否已经把自己的全部交给了没完没了的工作日程表？你的肾上腺素是否常为生活中的繁杂事务所分泌，而不是仅仅因为你多喝了几杯咖啡？假如是这样的话，现在就到了你学会简化事务以拯救你的健康和头脑的时候了。

假如你感到自己的生活已经变得毫无必要地复杂化了的时候，你并不孤独。对于程序的过分强调和官僚作风的盛行已经成了大西洋两岸职场的通病，这种情况尤其发生在公共机构，特别是在与各级政府有关的部门里。无休止的重复、毫无必要的繁文缛节和层层审批的过程，使许多在这些机构工作的人恨不得拔自己的头发。假如在英美两国的行政人员当中做一次民意测验，在他们的问题清单上居首位的将是分散注意力和消耗精力的各种负担，以及程序和官僚作风带来的压力。

正如在国际上声誉卓著的管理大师兼作家查尔斯·汉迪曾经说

过的那样："我们都在原地拼命地奔跑。"在一次讲课中，他说起现代社会对物质需要的追求，是我们把生活弄得过于复杂的病根。

"珍道具"是日本人用来表示不必要的东西的一个词汇，我喜欢举的例子是装在眼镜镜片上的雨刮器。但是"珍道具"也有更常见的例子，比如我有比实际需要多出许多的领带，有许多我从来不会去阅读的书籍等。购物中心里摆满了"珍道具"——没有一样东西是你真正需要的。圣诞节就是一个"珍道具"的节日。

随着年纪的增长，我发现购物疗法对我已经失效了，我不再需要或想要更多的东西。你怎样才能做到用货币手段来控制空气？什么是美丽，是安静的街巷，还是苏格兰伦理家亚当·斯密所说的"栽培"？把重视质量的价值观教给日本人的管理大师威廉·爱德华·戴明曾经说过，在一家公司里人们认为重要的东西当中，有90%是靠不住的。

最后一点尤其重要。你拥有越多超过你实际需要的"东西"，你就越难享有简单的生活，这个道理无论对于机构和个人来说都是一样的。你有越多的会议、文件、备忘录、报告、日程表和各种书面作业，你就越难得到简单明了的结果。让事情变简单就是去除那些过度的、分散注意力的、没有意义的陈旧规则，去做那些真正需要做的事情。

责备的文化

那么，为什么公司和机构要用这种方式把事情弄得过分复杂呢？主要原因在于许多身居高位的人们失去了对自己的信心——他们忘了自己是谁，忘了在自己的职位上该做些什么。他们害怕别人的想法，担心小小的事变会造成公司瘫痪的后果。在这些公司里做事慢如蜗牛，因为所有的事情都要经过一个复杂的检查和平衡过程：要经过审批，然后分发到十几个部门，盖上无数的图章，最后再重新审批等等。

我们生活在一个充满抱怨和责备的文化氛围当中，而这种文化就是复杂性的根源，正是这种复杂性导致了工作效率的低下。有太多的人害怕受到责备、指控或犯错误，而这种恐惧扼杀了人们的积极性、领导能力、决策能力，以及思维的前瞻性等。他们谨小慎微、步步为营，用推卸和逃避责任来取代应有的职业道德。

例如有一位公共咨询机构的主席，或一位准自治非政府机构的负责人，他倾向于某项激进的决策或观点。在早先的日子里，由于繁文缛节和官僚作风相对较少，这位主席就会觉得自己有能力作出决定，这样就大大简化了决策过程。然而在我们的机构、学校、教会、医院等各种地方，人们由于害怕造成不利结果受到责备而拒绝采用这种简单快速的决策方式。他们也许会另外设立一个委员会来完成这项决策，于是产生出更多的书面文件（这些文件中的大多数不会有人去看）来确认最初的建议是否合适。或者更有甚者，他们会听信人们对这项建议的非议而就此把这一建议束之高阁。这种把决策过程交给某个委员会，或某个政策文件的做法越来越普遍，最后导致大家都无所作为、不作决策的结果，由此消耗掉人们大部分的生活和职业时光。

后退一步

我有许多客户，他们沉浸在繁杂事务的汪洋大海中，应付这些繁文缛节大大伤害了他们的工作热情，他们感到厌倦和疲惫。他们本来可以用自己的专业知识来使公司得益，但最终他们把宝贵的时间都用在了各种书面作业上，或是用来去追寻别人作出决定。

正是这样，有许多身居要职的男女很珍惜让自己“抽身”出来参加一对一的私密培训课程的机会。他们不仅能把自己繁忙的日常事务暂时抛开，而且还能够在完全私密的情况下讲一讲自己承受的压力。这种走开一步的机会能够使他们找到自己对未来的新看法。

有一位来自瑞士的客户在参加了几次辅导课程后，开始使用一种被他称为“内部肌肉”的方法。他解释说，他感到自己现在更能适应“生活的潮流”，更能生活在当下，而不再总是想方设法去改变周围的人和环境。接受你所无法改变的事实，是找到简单生活的关键。你可以把那些浪费在无法改变的事情上的时间和精力，用在你能够改变的事情上，这样你就能得到更有建设性和前瞻性的结果。

我的课程能帮助客户从他或她繁忙的公私事务中后退一步，以便看到一幅更全面、更清晰的图画。这样做对他们追求有效、持久和积极的人生至关重要。

有一位有事业心的房地产开发商，他的商业眼光受到广泛的好评。但是他整天穷于应付各种烦琐事务，感觉自己几乎要被压垮了。那些小官僚们一次又一次地要求他再交出一份报告，或在图纸上作出更多的调整。他感到自己不能再这样生活和工作下去，但又担心自己的未来。他的员工遍及全国各地，他也要对员工们的未来负责。他想知道自己是否能够找到一种新方法来帮助他与那些官僚机构和谐共存。

我们决定采用“把事情变简单”的策略。他喜欢打高尔夫，这似乎是一个不错的出发点。对于一个高尔夫运动员来说，成功的基本原理是什么？那就是用最简单的方式击球。

因此开发商又回到了他的绘图桌上，他描绘出应该在何处、何时、怎样和何人一起来用简单的方式击球。然后他把自己的注意力集中到这几个方面，并且放弃了几桩让他感到头疼的生意。他也削减了自己公司里的书面作业，规定任何报告都不得长于六页A4纸，长篇文字都要有简短的提示，而重要的提示要用醒目的方式标出。然后他对公司里的每一位员工进行培训，要求他们以最简单有效的方式去工作，指令要清晰简短，避免过多的书面作业或不必要的分析。

从此以后，这位开发商又开始喜欢上了自己的工作，而且发现自己也更能吸引那些同样喜欢这种简单直接的工作方式的客户。

这位开发商所做的就是从他不堪承受的工作中后退一步，来找到自己能作出改变的地方。我对他，还有对许多其他人的建议是采用“星期五规则”。这条简单的规则受到不少公司的青睐，在这些公司里，不仅鼓励高层行政人员，而且还有其他所有的员工都来采用这条规则。

星期五规则

星期五规则很简单：在每个月里，用一个星期五的下午给自己放上半天假。你可以坐在咖啡馆里或其他安静的地方，在自己面前放上一杯咖啡，以及纸和笔。在这段时间里你从繁忙的工作中脱身出来，可以静心想一想各方面的情况：是不是有人需要你的鼓励？哪些事情可行，哪些不可行？不要匆忙，允许你的思维随意发散，慢慢地享用你的咖啡。用这段时间来理清思路，享受悠闲时光和发现自己的优点。

星巴克测验

在喝咖啡的时候来做星巴克测验再好不过了。我把这项测验作为星期五规则的辅助手段，鼓励客户们把它当作整理思路的一种方法。

STA=标准

你是否为自己的公司设立了正确的标准？你会为自己设立的标准感到骄傲吗？你公司里的每一位成员是否都了解这些标准并且按照标准的要求去工作？有标准而不执行，这样的标准是毫无意义的。

R=重新审视

公司的整体运行是否良好？你最近一次接受坦诚的反馈，或做自我评估是在什么时候？你对个人和公司最近取得的进展感到满意吗？哪些事情使你感到担忧，你又能对此作出怎样的反应？

B=少一点儿指责

指责是否已经成为你公司文化的一部分？因为这种指责的氛围，有哪些人受到了怎样的伤害？你是否乐于指责别人而不是勇于承担责任？你怎样才能扭转这种局面？

C=勇气

哪些事情需要你的关注？有哪些事情成了前进道路上的障碍？在哪些方面你的沉着细致的领导作风可以帮助你改变困境？你有勇气坚守你的信念吗？你有勇气为他人树立榜样吗？

KS=批评和表扬

在不同的场合批评和表扬都是需要的。你是怎样保持两者之间平衡的？你会合理使用这两种手段吗，或者你偏向于其中任何一种？你会把握好批评的分寸，使之能对员工有激励作用而又不至于伤害员工的积极性吗？你知道什么时候表扬最合适吗？

U=你自己

我有意把这一部分放到最后。无论是在工作中还是在家里，你能在哪些方面，用怎样的方法发挥你的影响力从而使事情变得更好？就在这一刻你的生活中正在发生什么事情？你最近一次重新审视你的信念和使命发生在什么时候？这些信念和使命与你公司的目标、能力和动因能保持一致吗？

吸纳和排除

星期五规则以及与之配套的星巴克测验，是一种“从生活中后退一步”以达到简化生活目的的有效方式，在日常生活中经常可以做一做。不要错误地以为这只是一种“排除”，相反它是一种真正的“吸纳”，吸纳进更多的责任感和深刻的洞察力。

试过星期五规则的客户报告说效果不错，他们的工作效率得到了提高。花一点儿时间来思考一下各方面的情况确实能帮助他们保持清醒和简单但长远的眼光。许多富有创造性和想象力的经理和领导者坚持要求员工们把星期五规则作为他们职场生活的一部分。

在咖啡时间和星巴克测验之后，我经常建议客户在那个星期五下午余下的时间里忘记工作去做一些别的事情，如到学校里把孩子领回家，参加运动或者去散散步。而且要求他们每月至少有一次早点开始周末的假期，在这个假期里做一点儿善待自己和家人的事情。这是星期五规则给你重新充电的方式，这样在星期一你回到工作中的时候就会感到头脑清醒、精力充沛。

安妮被任命为某个政府智库的部门负责人。她高兴地接受了这份新工作并且满腔热情地投身到工作中去，希望自己能领导智库作出有深远意义的决策建议，并最终影响到相关领域的立法和法律。但是在这个岗位上工作了四个月后，安妮发现她面对的大量烦琐事务使她感到压抑和恼火，她感到在这里工作就像在迷雾中摸索那样难以捉摸。除此之外机构里还充斥着流言蜚语，人际关系紧张。

安妮开始用星期五规则来给自己创造一点儿小小的空间，使自己在这段时间里从工作中脱出身来。她在公园里的河边散步一小时之后，再到一家安静的咖啡馆里坐上一个小时，这时她感到自己的人性回来了，并能够想出一些改进工作的主意。然后她到学校里去接女儿回家，陪女儿过上一个温馨的夜晚。

在接下来的几个月里，安妮按照她星期五下午作出的决定逐步作出了一些改变。她澄清了最恶劣的流言，鼓励了那些有工作积极性的人。她也要求那些等待决策的人直接来找她，而不要去走那些烦琐的程序。她鼓励自己的员工相互对话，而不要依靠没完没了的备忘录、电子邮件和书面报告来交流。这样做的结果是安妮又恢复了她的工作热情，智库的工作也取得了很好的成效。

整合流程

假如你想简化你的公司事务，不管公司是大是小，做一下流程整合总会有好处。整合流程的意思是削减不必要的东西，无论是时间、文件或精力。以下是我对整合流程的十条小建议。

1．良好的组织

要达到简化事务的目标首先要做到这一点。在一个组织良好的机构里，你只要花最少的时间和精力就能做成你想做的事情。不可思议的是有许多大大小小的公司或机构缺乏这种把事情变简单的基本意识，比如他们不会给文档、抽屉和橱柜标上清晰的标签。除此之外，一本编排良好的工作日志也能随时给你工作上的指引，使你能有足够的时间去安排好各场会议和约见。假如你是一个能把自己的生活组织好的人，你也就很有可能把你的思维组织好。

2. 削减书面作业

一份简短、清晰而且指向明确的文件要比篇幅巨大、冗长啰嗦的报告更有实效。就像我前面提到过的那位开发商，他就在自己公司里对报告和其他文件的长度作了规定，鼓励员工减少那些没有实际意义的书面沟通。

3. 少发些电子邮件

电子邮件的问世并没有减少商务旅行和电话账单，反而倒是增加了人们的工作负担。在很多情况下，电子邮件只是耗费了我们的时间和精力，很少产生实际的效果。尤其是在一个人每天收到150份电子邮件的情况下，他基本会忽略这些邮件。面对面的简单交流常常会是更加有效的方式。

4. 减少商务旅行

在很多情况下，草率匆忙的行事方式导致了计划不周，有时会为处理一件公务到同一个地方出差三到四次。但是如果经过细致周密的计划，往往只要出差一次就足够了。能从这种过度的差旅中得益的只有航空公司。

5. 减少会议

在职场里，没有什么是比不必要的会议更加浪费时间了。有一家私人投资公司的总裁感到工作负担过重，他听取了培训课程的建议，只去参加那些真正需要他参加的会议。他的工作日志表明，他在上个星期里参加的公司内外会议超过30个。但是根据他的新安排，在接下来的一个星期里他只参加了五个会议，而且每个会议都很成功。

6．制止流言

为什么要这样做？因为流言不仅有破坏性，会在工作场合营造出一种恶劣的氛围，而且也很浪费时间。流言还会使事情变得不必要的复杂化。作出一点儿努力在员工之间建立起良好的人际关系，发出流言不受欢迎的明确信息，就能极大地提高员工的积极性和工作效率。

7．经常大扫除

经常大扫除，营造出清洁的工作空间和清醒的头脑。清除掉你不再需要的东西既有实际效果也有象征意义，因为除旧总是意味着迎新。特别是堆积如山的书面文件，经年累月被人遗忘，每年设定一个时间来让你和同事们清理它们。把大扫除也运用到陈旧的习惯和思维上，检查一下，你手里还紧抓住哪些已经没用的东西？

8．有明确的目标

假如你知道自己的前进方向，你就能把精力集中在这个方向上。相反，你会把自己的精力分散和浪费在不必要的地方上。选定目标并排出达到目标的时间表。不要有太多的目标——有三到四个就足够了。把目标分解成多个易于达到的子目标，经常更新和重新审视自己取得的进展。

9．作出清醒的决定

当你必须要作出一个困难的决定时，没有任何事情比这时更让人神经紧张了。养成这样的习惯——在作出决定前花适当但不要过多的时间来作出权衡。在生活和工作中我们都要做很多决定，有些还会是困难的决定。有时即便在作出决定之后，你也不能确定自己的决定是否正确。但是往往作出决定要比犹豫不决更好，有时哪怕是错误的决定。一旦你作出了决定，就要果断地把任何疑虑抛开，全力以赴地去贯彻这个决定。

10. 记住以少胜多

这是一条让事情变简单的黄金规则：一张简单的便条有时比一封长信更有效，一次简短的发言比长篇大论更有力量，打一个电话比发送一份长长的电子邮件更有实效。假如你能在你所有的时间表和决策上体现出这一点，你的职业生活就会得到大大的简化。直截了当地把关注点投向真正重要的事情，把所有不必要的东西排除掉。

有一家大银行的一位高管前来参加培训课程，他感到自己的生活都消耗在各种烦琐事务当中。他工作很努力但感觉自己收效不大，他不清楚问题出在什么地方。我们一起检查了他每周的日常工作，时间果然排得很满。日程中有很多会议和约见，还有要在晚间带回家去完成的书面工作。

我建议我们一起把某些简化事务的规则运用到他的工作中去。当运用这些规则时他意识到他有太多低效的书面工作，而且他经常要花上几分钟的时间才能找到他想要的文件。

这位高管满怀热情地开始作出改变。他要求自己的助理建立起简明的文档系统，这样他能毫不费力地找到他想要的文件。然后他大大缩减了他所撰写的报告和备忘录的篇幅，他还减少了电子邮件和会议。他为自己选定了下一个月的三个优先目标，要求自己集中精力去完成这些目标，而把其他分散注意力的事项搁置一边。

过了一个月他好像变了一个人。他刚来见我时神情疲惫忧心忡忡，但现在他面带微笑神情轻松。他告诉我，由于简化了工作流程，他减轻了负担，多年来他第一次开始感到享受自己的工作。

活在当下

让事情变简单的最重要方面之一，是学会应对当下发生的事情，而不是去担心将来会发生怎样的问题。有许多人花了大量时间去思考过去和将来，以致他们完全忽略了当下的一切。这样做很可惜，因为过去不能改变，将来无法预知。我们手中能掌握的只有现在。

这个道理在事业上和生活中的其他方面都是一样的。今天的生意、谈判、会议或交易是最重要的。把你的注意力投向今天要做的事情并去把它们做好。当你这样做到了，未来自然也就不成问题了。

当然计划也是重要的，周密的计划会决定未来的某些走向，最无用的是毫无必要的杞人忧天。就像事情有可能变坏一样，它们也一样有可能变好，我们何不做好今天的事情并且相信未来一定是美好的呢？让事情变简单涉及到区别轻重缓急的能力，懂得哪些事情是真正重要的，去把那些当下就要做的事情做好。

在让生活变得复杂方面我们都是能手。我们都会玩杂耍——怎样同时去操心六件事情，或同时出现在几个地方。我们也懂得怎样在挤得满满的日程表里加塞更多的日程。下决心让事情变简单能给你带来极大的解放。简化你的工作流程、公司结构和日常事务能使你得到更多的思考空间，你能因此更有创造性地工作，作出真正重要的决定，最终顺利达到你的目标。

第十章

创造不同

无论你在事业上取得了多大的成功，到了一定的阶段你总需要问一问自己，你是否为他人的生活创造出了真实的、看得见的和积极的改变？创造不同不仅表现为你能登上当月公司的销售业绩榜单或得到快速提升，而且它更意味着你的眼光能超越周围环境看到更宏大的世界。你能看到自己该做什么，有哪些人需要帮助，然后采取相应的行动。它也可以表现为你献身于公益事业，并能够鼓励他人一起去为弱者谋取福利，以帮助他们做到自食其力等。

在这一章里我将讨论为他人的生活创造出真正的不同意味着什么，以及为什么这样做会对我们如此重要的问题。我相信我们每个人都负有责任，无论是个人还是与他人一起，去帮助、鼓励和支持那些需要帮助的人。这种行为不同于慈善性质的施舍，当然从事慈善事业是一件能使你得到良好声誉的事情——有些机构在这方面非常慷慨。但我在这里说的是社会责任。

通常一家大公司的总裁在公司获取了适当的利润之后，会把公司的社会责任看作一种慈善贡献。因此各种公司基金会和大型慈善活动盛行一时，所有这些都以自己的方式对社会作出了相应的贡献。然而还有更多的一些事情需要去做，那就是自身的投入。要经常地、竭尽所能地参与到帮助他人的行动中，愿意为此奉献出自己的时间、精力、经验以及专业知识等。

许多人被工作所驱使，他们的生活围绕着超时工作、榨取利润、分析策略以及谋求升职等事务急速运转，他们会摊开双手说：“这真是个好主意，但是我没有时间，我的生活已经被工作、家庭和社交挤得满满的，怎么会有时间去做其他事情呢？”我要争辩的是，这里说的“其他事情”并不是可有可无的额外选择，而是一种真正健全、完美和成功人生的必要组成部分。不作贡献的成功是空虚而且无法带给人满足感的。你掌握的权力越大，就越有必要认识到服务他人的重要性。许多伟大的领导者认同这样一条简单的真理：领导即是服务。任何其他道路最终总是无可避免地引向权力的滥用。

在英国女王就位50周年的纪念活动期间，有一位来自格拉斯哥的65岁女士回忆起伊丽莎白女王21岁生日时做广播讲话的情形。她听到并且在后来的半个世纪中牢牢记住的话是：“我宣布从今天起，我把我的生命，无论长短，交付给服务于你们的事业。”这位女士说，从那以后这些话塑造了她的人生。女王兑现了她的诺言，并以此为大家树立了一个光辉的典范。无论从哪个方面来说，服务他人就意味着奉献自己，这是你能给别人的最伟大的礼物。

1946年年末，年轻的赫克特·莱恩从二次大战的战场上归来，他曾经在大战中担任过苏格兰卫兵团的坦克指挥官。他热切地投身到他在爱丁堡的家族事业中——罗伯森大道的麦维他公司。赫克特在他参加工作的第一天上午，在第一班工人上班前就早早到岗，并且在他以后漫长的职业生涯中保持了这个习惯。当第一班工人开始工作后，他来到制作饼干的工人们中间，在一位年长的工人身边坐下，向他作了自我介绍，并且问这位工人是否喜欢在公司里的工作。老工人转向赫克特说：“是啊，莱恩先生，你知道彼得黑德监狱吗？”年轻热切的赫克特回答说：“知道一点儿，但不是很多。”然后老工人继续说：“莱恩先生，麦维他公司和彼得黑德监狱的唯一区别，是我们在这个公司里可以回家吃晚饭！”

赫克特很有感触，因为这里显然有可以作出改进的地方。他开始着手改变工作环境，并把忠诚和归属意识引入到公司里来，这是他在战争期间在坦克部队里所学到的。最终他做到并远远超过了这一点，仅仅过了几年，麦维他公司就加入到更大、更成功的联合饼干公司，成为这个大公司的一部分。

1986年夏天，此时已经是爵士的赫克特在爱丁堡乔治大街的公司会议室里召开了他最后一次主持的公司年会，到这时他已经不间断地为公司服务了40年。股东们都热情地祝贺他，赞扬他多年来的杰出工作。他作了年度报告后，在回答问题的时候有一位心怀感激的股东站起来对他表示感谢，然后他问道：“赫克特爵士，你对你的退休生活有什么打算？”赫克特回答说，他的打算有许多，他并不担心怎样来保持自己的活力。他继续说，他真正感到担心的是等自己回到造物主面前时，怎样向造物主报告自己的人生。他想象自己在天堂之门遇到了圣彼得，圣彼得向他发问：“赫克特·莱恩，你在自己的一生中做了什么？”赫克特可以用自己漫长人生中取得的成就来回答这个问题。赫克特解释说，他期待着随之而来的问题：“很好，但是告诉我，赫克特，你在你的人生中还做了些什么？”

事实上，赫克特爵士还做了许多“其他事情”。首先，他建立了“百分之一”俱乐部，鼓励大公司捐赠他们每年营业额的百分之一给当地社区。除此之外，他还帮助在全英国建立了“社区企业”，通过这种方式掀起了公司参与当地社区社会经济事务的浪潮。他还设法说服威尔士王子成为这个著名组织的赞助人。然而，尽管他是这样一个人，他还是不敢说他已经作了足够多的个人贡献。他确信正是这种个人贡献才是人生中最重要的。

到盒子外面去思考

赫克特爵士做的“其他事情”常常会引申出许多别的问题。当我问客户他们感到自己已经做过，或者想做哪些其他事情时，我们的谈话经常会回到在本书开始时提到过的三个基本问题：我是谁，我为什么会以现在的方式生活和工作，我会有怎样的未来。

在私人培训课程中，我常常会与某位身居高位的人面对面，他要对成千上万人的职业生涯、工作和其他许多事情负责。然而，当问起“其他事情”的问题时，他们才想到自己的生活已经变得如此狭隘，他们感到自己已经与自己的身世背景相差甚远。在这种情况下，就到了开始“到盒子外面去思考”的时候了。

这种说法是我表述“冲破生活中自我强加的限制”这个概念时用的，不管这种限制是什么。但是，一旦当你开始到盒子外面思考时，你就会发现自己面对许多新的思维和行动的可能性，这将会给你带来巨大的触动和挑战，但有时也会使你感到神经紧张。假如你可以把门柱移向任何方向，你会相应采取怎样的行动？要回答这个问题，第一步是要了解你能够贡献什么，以及你喜欢怎样做。本书第一章的TICK测验在这种情况下很有用，能帮助你了解自己的天分、能力和兴趣。

有一次我拜访了一家生意遍及世界各地的大银行。我进到一部大电梯里，里面挤满了到50楼去的人。在餐厅层有三位年轻的员工进到电梯里并开始谈话。一位男性银行职员大声地与在电梯里另外一个角落的一名女性职员和她的同伴说话，他开始轻蔑地说起了另外一名男职员。过了几分钟，女职员再也忍耐不下去了，她在挤得满满的电梯里大声喊道："你应该知道的是，安德鲁和我在一起已经超过八个月了，好吗？"然后她愤然走出了电梯。

等我到了目的地之后，我忍不住把这段经历告诉了银行负责人，问他这种神经质的行为是不是这里典型的公司文化。他表示同意，并告诉我他为此感到悲哀。

我们的谈话时间很长，也很有益。我们谈到了"其他的事情"。这位能力卓著的负责人多年来专注于银行事业，现在他开始投身于几项更"接近心灵"的事业。他不仅向这些公益事业捐款，而且还经常抽时间亲自前往，尽其所能地促进事业的发展。他还在银行同事中推行这种善举，结果公司员工的士气和行为举止都得到了改善和提高。

发现自己"还能做什么"需要时间，但这是一种值得为之付出的努力，因为有无数种可以创造出不同的机会。我见到许多客户为此得到了极大的愉悦和满足感，如为孩子们的足球队当教练，鼓励青少年培养创业意识，或每周花几个小时参与社区的慈善活动等等。无论你参与的活动是大是小，是本地的还是全国性的，这些都不重要。重要的是这些活动对你的人生是有意义的，你因此创造出了不同。

真正的工作

对于我本人来说，我的"创造不同"的机会来自于在斯凯岛上创建了"哥伦巴1400"领导学培训中心。看到那些年轻人，他们来到中心时羞怯而且缺乏自信，而仅仅过了几天，他们在离开我们时却能抬起头来，对自己的未来充满了期望，这种感觉是令人心存敬畏而愉悦的。他们当中有许多人在接受了领导学的培训后，前去接受教育或参加工作，因而摆脱离了贫穷和无家可归的状况。因此所有参与授课和支持这项事业的人们，他们付出的努力都是值得的。

我得到的最有价值的启示之一来自已故的乔·斯洛沃，他曾经于1994年担任过新组建的南非联合政府的住房部部长。他是一位出色的演讲者和很会讲故事的人，他曾经说过："我们不能用任何人都做不到的方法来开始。"

我有许多客户都希望对"哥伦巴1400"了解得更多一点儿。在他们的要求下我有时给他们播放一部录像片，片中记录了我们在英国或海外的穷街陋巷中，在最艰难的情况下所做的工作。在放完录像后，会场里常常会有长时间的静默，而人们也大多眼泛泪光。接着人们常常会这样说："别人也许会以为我是个大人物，我要对许多人负责，掌管着一笔庞大的预算，但是与你们这种深刻而有意义的帮助别人的工作相比，我能说的只是，你们所做的工作才是'真正的工作'。"

这些客户感觉到，在他们所做的公司工作与为他人生活创造不同的事业之间，存在着一种根本性的差别。有许多客户开始感到自己有一种去做某种"真正的工作"的愿望。他们中有些人知道自己想做什么，但有些人却不知道应该从何处着手。

最好的开端往往可以在你自己的社区里找到。观察一下周围你很快就能发现，只要你奉献出一点儿时间、精力、经验和知识，就能使他人得益。随时准备参与，注意到他人的需要并及时伸出你的援助之手。经常有客户报告说，当他们在帮助别人时，他们平时感到的工作重担和责任常常会被卸除和遗忘。他们也发现这样做能有利于他们在工作和生活之间取得平衡。不久他们就会开始热切盼望去参与这样的工作，把它当成一种在自己繁忙的日常工作之外能找到的精神绿洲。

这种“真正的工作”所带来的好处能惠及你生活中的所有领域。做一个身心健全和精神富足的人有利于你去经营一个健全的、有抱负和有价值的公司或机构。这又将给公司和公益两方面都带来好处，你可以在社区和公司事务之间建立起一种互补互利的关系。

以下这段文字引自纳加潘·帕拉苏拉曼获得“扶轮社读写能力大奖”时的表扬状，表彰他在印度金奈创建了一所全日制的学校。虽然纳加潘并不是一个有钱人，但是他的“真正的工作”为120多个孩子圆了上学梦。

> 是你杰出的工作使你成为今天的你。你点燃了火种，与穷人分享了受教育的激情，这一切需要你的天赋与才能。你在十字路口的棚舍里开办了一所学校，鼓励孩子们来上学，由此开始了你改变穷人社会地位的事业。1987年，你在茅舍里开始培育自己的梦想——创建一所学校，让人人都来上学，此时你还没有遇见你的精神导师。到了1995年，你独自建起一间屋子来存放绝望者的希望。到今天，他们中间的一位已经成为一名工程师。你有一个由七位朋友组成的小小团队，其中有国际科学界的精英。而到了晚上，你又致力于去改变世界上最贫困的棚户区里所居住着的居民的人生。
>
> 人们说，当你开办了一所学校时，你就关闭了一座监狱，你关闭了许多人心中无知的监狱。你向他们赠送了教育这一礼

物，由此消除了许多潜在的罪行。

你的人生中充满了远见和行动，把“读书写字”变成了一个家常用语。我们国家的成长，其真正的关键在于个人的强大。

作为一个获奖者，你有令人羡慕的成就和能与他人分享的美梦。你有传教士般的热情和在教育上追求卓越的激情，你作出的贡献无与伦比。愿你的努力得以持久！

以这种意义深刻的方式创造出不同，肯定是我们每个人都希望能做到的事情，我们每个人也都确实有这样的能力。无论你的环境如何，你处于怎样的人生阶段，你总是能作出为他人创造不同的选择。

五个P

2002年7月，在美国德克萨斯州的沃思堡市召开了“姐妹城市世界和平会议”，我有幸参加了这个会议。在会上有许多年轻的代表急于了解，他们怎样才能为他人创造出不同。他们的问题很迫切，也希望能找到一个活生生的榜样，于是我就要求他们做以下的练习。这些原则是“哥伦巴1400”成功的基石，你也能把它们运用到你生活中的任何场合。

五个P的意思是：

People　人

Partnerships　合作伙伴

Pioneering　开拓精神

Persevering　坚韧不拔

Prayer　祈祷者

人

当你开始你的“做其他事情”的旅程时，总是应该去找那些认为自己“杯子有半杯是满的”的乐观的人，而不是那些认为自己“杯子有半杯是空的”的悲观的人。你会不可避免地遇到一些人，他们会告诉你无论你想要做什么都不会成功。还有些人会被你的进取心吓着，他们发现你的热情和精力正好是他们的心灵和生活中所缺乏的东西。在这个阶段上你不要浪费时间和精力去说服他们，也不要让他们的非议损伤你的士气。

你要做的是，让那些具有积极思维的人，那些想寻找解决方案而不只是发现问题的人，那些相信自己的计划一定会成功的人围绕在你周围。耐克品牌的广告语“Just do it”用在这儿就很贴切。在你的“做其他事情”探索的早期，你需要有一些能够与你相互信任的特殊朋友。这也是“哥伦巴1400”的经历，在开创时期我们的成员都有一种同舟共济、患难与共的感觉，能够战胜一切阻碍我们实现目标的困难。我们相信自己一定能成功，我们的信念和决心足够强大，能带领我们冲破任何障碍。找到合适的人是你计划成功的关键，同样与不合适的人及时分手也很重要。

我很清楚地记得，在一次出乎意料、令人沮丧的人事变动后，某些难以理解的政策和行为被引入到机构里，使人大跌眼镜。在一段时间里许多人都心神不定，不知道我们从事的公益项目会有怎样的结果。我们认真全面地考虑了这个问题，意识到必须作出决定，果断离开公司和那些损害公益事业的人。只有我们告别那种愤世嫉俗、畏首畏尾和流言蜚语的企业文化，才能使“做其他事情”的事业得以顺利开展。

合作伙伴

英国和美国的非营利机构常常会同时发起类似的公益活动。人们不可避免地会有相似的想法，会策划出目标相近的公益项目。最坏的是这些机构会为同一笔公共或私人资金互相竞争，这样会导致恶性竞争并损害到这些机构所支持的公益事业。

尽可能地避免这种不必要的、浪费资源的竞争。当你开始“做其他事情”的计划时，无论是个人还是集体，无论是小还是大，去寻找那些可以成为你合作伙伴的机构。相互合作常常能以意想不到的方式使双方获益。

格拉斯哥大学最近为劳埃德银行苏格兰基金会提供的研究报告表明，每个星期都有新的慈善机构和非营利组织投入运营。如果在苏格兰是这种情况，那么在一个更大的国家里每周又有多少这样的机构在开张呢？显然，现在已经到了主动寻找合作伙伴，以便分享有限的资源、力量和创意，而不是为恶性竞争去浪费它们的时候了。苏格兰最伟大的社会活动家之一、前英国壳牌石油公司负责人、前苏格兰社区企业总裁、“大创意集团”（世界上第一家教育创新中心）创始人约翰·穆尔豪斯对于非营利机构寻求成功的合作伙伴有一句名言：“当谁来管账无关紧要时，这样的合作关系才是成熟的。只要能把事情做好，谁来管账又有什么要紧的呢？”

在“哥伦巴1400”创建的初期，我们与Kwik-Fit公司的创始人汤姆·法默爵士和苏格兰银行总裁彼得·伯特建立起合作关系，他们都为我们的项目贡献了远见、信念和支持。我们还从某些声名卓著的机构那儿得到了支持和鼓励，如“边缘青少年服务中心”，

“苏格兰大问题杂志社”和王子信手托基金等。所有这些私人和公共的合伙人都对“哥伦巴1400”的创建给予了鼓励和支持。从此之后我们继续表达自己对合作的积极信念，结果得到了更多的支持者。

开拓精神

任何人在开创一项新事业时，在最黑暗、最困难的时刻常常会不由自主地想：“我这是在干什么？”事实上，当你从事“做其他事情”的事业时，如果这种想法没有在你心里出现过几十次，那么你的项目要么平平没有开拓性，要么你的神经坚如磐石！

要把来得容易的开拓性的思维，转变成难得一见的开拓性行动，中间需要跨出一大步。在这个过程中，有许多时候你会感到生疏和无所适从。要真正跨出这一步需要勇气、决心和不离不弃的坚持。但是当你遇到每一个障碍，每一个困难或风险时，总能找到一条新的道路、一句鼓励的话语或一只伸出的援手。在开拓者的心中有一种深刻而活跃的力量，他知道自己的出发点，并尽自己全力做到一切，知道自己打下的坚实基础会造福后人。

人们常说：“你没有犁过别人的地，怎么会知道别人的田。”对于开拓者或未来的开拓者这条道理也是适用的。直到你尝遍了开拓者的酸甜苦辣，以至于到了这样一个境地，你可以回头看一看自己走过的路，并且说：“哦，我们已经走了好远。”这时你才算对开拓精神有了真正的了解，而这时这种开拓精神又会驱使你继续向前！

我清楚地记得自己站在“哥伦巴1400”工地上的时刻。那时天正下着雨，我们戴着安全帽，在工地上行走时要跃过脚下一个又一个的水坑。有一个人停下脚步，他看着矗立在寒风里还没有安装窗户的屋子说：“你们看，假如我能从一开始就参与这个项目，这栋屋子就不可能是现在这个样子！”我和在场的工地建设者不约而同地想到，这个人是多么地聪明。当然也许他说得有道理，如果后见之明有用的话，我们完全可以用不同的方法把事情做得更好。但是在那个阶段上，如果能给人以一点点实际的支持和帮助，那就能起到更大的作用。

坚韧不拔

在本书的第七章里我们讨论了哥伦巴的价值规则——意识、聚焦、原创性、诚实正直、坚韧不拔和服务他人。假如你问“哥伦巴1400”的开创者们，在项目初创阶段有哪些价值观是最需要的，他们会毫不犹豫地告诉你，最需要的是坚韧不拔和百折不挠的品质。在“做其他事情”的开创阶段，当你努力去创造不同时，很快会遇到许多困难和挫折。有些人会对你的行为表现出冷漠，更有甚者会等着看你铩羽而归，这些都会挫伤你的信心并阻挡你的脚步。人们会告诉你，“这样的事情没有先例”，或者“上次已经试过了，没有成功”，或者甚至“你以为你是谁，你既年轻又没有地位，怎么可以有这么大的野心”等等。但是，假如你有坚韧不拔的品格，你就能克服这些障碍并稳步走向成功。

有一次，我正在出席英国广播公司苏格兰广播委员会举办的一场重要晚宴，并准备在晚宴上发表演讲。这时我接到了一个紧急电话，对方万分焦急地对我说：“我们的营造商破产了。”当时我们正处在“哥伦巴1400”的建造初期，我们审慎地挑选了营造商，预计的合同价格为150万英镑。但是这家营造商在另外一个项目上资金出了问题。结果他们被迫进入清算程序，这意味着“哥伦巴1400”的项目也将被迫停工。这是我人生中遇到的最困难的时刻，但是我回到晚宴上照常活动和发表演讲，好像什么事情也没有发生过一样。

我后来在考虑这件事的时候，开始意识到几件事情。确实有许多人等着参加“哥伦巴1400”的葬礼，有许多人在我们长期的策划过程中对我们的项目持保留意见，他们会乐于看见这样的结果。例如我记得有一位当地计划委员会的成员，在签署了我们的项目建议书后对我说：“记住，在斯凯岛上，没有人能为这样的项目募集超过100万英镑的资金。”他当时批准了我们的项目，但很可能几分钟后就后悔了。

然后，我又想起了其他一些人，他们期待着我们为他们树立榜样并开辟出前进的道路。有一些年长的社区居民，他们为年轻人将能享有这样的社区设施感到高兴和鼓舞，因为这是他们自己年轻时从来没有享受过的。我们的人员和已有的合作者是坚强而且值得信任的。想到这些我下定决心，我们决不能轻易地被困难压倒。坚韧不拔也就成了我们在这段时间里的座右铭。

这次打击使我们付出了沉重的代价。但是我们花时间募集到了更多的资金，并在经过审慎的策划和考虑后签订了新的营造合同，整个项目又得以重新运转起来。推动我们向前的是我们的决心：我们一定要取得成功，不辜负那些希望我们获得成功的人。

祈祷者

尽管你已经有了合适的同事和合伙人，你具备了开拓性和坚韧不拔的品德，你有时仍会感到身陷困境，这究竟是为什么？我们每个人都有过这样的体验：自己有时会感到无比的虚弱和无助，怀疑自己是否有激情和力量去面对下一个挑战。

在这样的时刻，祈祷可以成为你神奇的力量源泉。在我们感到自己的事业难以为继的困难时刻，是我们最感到孤独的时刻。这时祈祷能给你帮助，使你意识到自己并不孤独。不管你有怎样的宗教信仰或精神追求，意识到有一种更高的力量在分担你的重负，会给你带来极大的安慰。一位教师在对家长们谈及青少年的叛逆行为时经常这样说："在年轻人看起来最不需要我们的时候，实际上是他们最需要我们帮助的时候。"这对祈祷者也一样。当我们告诉自己不需要祈祷，它对我没有意义，祈祷不祈祷没有两样的时候，是我们最需要祈祷的时刻。

我们大多数人都喜欢逞能，这样可以让外界感到你充满自信，一往无前。但是在内心你也许最清楚自己的失望和绝望程度。只有当你孤身一人时，你才能放下戒备来诚实地面对自己，在这时做祈祷最能使你获取力量、启示和安慰。

在神奇而轻雾缭绕的斯凯岛上，"哥伦巴1400"坐落在美丽的群山中，面对着迷人的大海，这样一个圣地本身就能给你带来精神上的安慰和宣泄。没有什么地方比这里更理想，可以让你有时间与自己、与大自然和你的灵魂单独相处。

当人的心灵能够沉静（"沉静"是"哥伦巴1400"喜欢使用的词汇）下来时，这时力量和安慰的源泉才能涌入到你的体内，重新点燃你的动力，陪伴你经历紧张焦虑的时刻，在你需要作出决定和面对挑战时给你力量。这时你才感觉到有人在支撑和陪伴着你，你的"做其他事情"的事业自然就会展开，而无须你过多的关注和干预。

这是为什么？因为远见决定着个性，目标战胜了非议，信念取代了恐惧，精神从日常生活中得到了升华。

从五个P，即人、合作伙伴、开拓精神、坚韧不拔和祈祷者中得到的教益，会塑造和指引你其余的人生。你在自己的生活道路上获取这些教益，无论当时是怎样的惨痛，这些教益和经历都会真正地塑造你的人格，并让你发现自己内在的潜能。

发现“其他事情”是一种福分

那些努力去寻找生活中“其他事情”的公司高管发现这样做有许多好处。知道“其他事情”能给他人以帮助、力量、安慰和鼓励，也使他们自己有了成就感。更重要的是他们脱离了狭隘的精神生活，就像我在大银行电梯里遇到的那些人所表现出来的那样，他们为自己找到了更深刻、更远大的人生方向。他们常常会发现，我在本书第一章引用过的凯尔特人的说法里蕴涵着真理：“要知道你去向哪里，你必须要知道你来自何方。”他们重新发现了自己的身世和背景，这样他们就能够带着更大的自信，迈着坚定的步伐走向未来。

通过花一点儿时间和精力来考虑工作之外的“其他事情”，许多人建立起了工作和生活之间的良好的平衡，这使他们能够更清醒、精力更集中地去工作。也许最令人高兴和惊奇的是，有许多人重新发现了他们的人际关系、合作伙伴和婚姻所具有的价值，他们更享受自己的家庭生活。

赫克特·莱恩在考虑“我在一生中还做了哪些其他事情”这个问题时，他并不孤独。那些同样敢于审视自己内心的驱动力并采取行动的人，会发现他们面对着一条全新的道路。当他们找到自己内心所具有的难以估量的资源和力量时，他们的道路就变得更宽阔、更清晰了。没有一种更伟大的贡献、一种更有价值的成就，比得上为他人的人生创造出真正的不同。

有一则古老而美丽的犹太人教条这样说，当一个人即将死去时，有一位天使从天上来到他或她的身边，提出三个问题：

告诉我，世界是不是因为你的人生而变得更加美好？

世界是不是因为你作出的努力而变得更加美好？

世界是不是因为有你到过的地方而变得更加美好？

我相信，我们都希望自己能够对这三个问题给出肯定的回答。

第十一章

怎样应对危机

如今你会很容易感觉到每个人都生活在和煦的阳光下。媒体总是不遗余力地渲染这样一幅图画，鼓动我们去追求“完美”的生活方式。然而，现实生活并不总是坐在遮阳伞下喝冰镇饮料，尽管这样做确实很舒服。在真实的生活中有高潮有低谷，有胜利有失败，有意外的惊喜也有不可预计的困难。而当任何人真的坐在遮阳伞下喝冰镇饮料时，他也要考虑一下，当失败和危机来临的时候他应该怎样去面对。

真正性格坚强的人在风暴刮起的时候能够勇敢地面对它，并且坚持自己的前进方向。事实上对大多数真正的成功人士来说，他们往往经受过比常人更多的挫折和失败，但是他们最终战胜了这一切。当你能够应对危机，不让困难阻挡你的脚步，在失败面前坚持自己的前进方向时，你的性格才真正具有力量。

更重要的是，当我们在困境下坚持不懈地作出努力时，希望常常会在我们最绝望的时候出现。在最阴冷、最黑暗的时刻阳光穿透了乌云，援手终于来到了我们身边。穿越沙漠的旅人干渴难耐，但是他恰恰在下一个沙丘就找到了泉水；或者沉船的水手在小船上漂浮多日终于见到了陆地。要成功地应对危机，无论它是大是小，或是以怎样的形式出现，你都需要有冷静的头脑、清晰的思路、坚强的决心和能够看清全局的智慧。做到了这一点，无论多么可怕的危机，最终总能得到化解。

保持冷静

我们每个人都经历过许多次考验。有的考验会以危机的形式在我们最意想不到的时候突然降临，在这种情况下危机会极大地调动我们的内心资源和能力去应对它。假如你经受过危机的考验而仍然能够保持精神完好无损，仍然能够昂首阔步前进，你的自信心就会大增，你就会感到自己有能力经受任何考验。

应对危机经常会要求人们在承受压力的情况下作出困难的决定，但这并不意味着毫无疑虑或不加思考地去作决定。保持头脑冷静并不意味着在事先就知道所有的答案，或能迅速地作出决定。相反，在这种情况下困惑和疑虑总是难免的，但是你要在作出决定之前去面对这些疑虑，而不是在它之后。

在保持头脑冷静方面，没有人比纽约市前市长鲁迪·朱利亚尼享有更大的声誉了，他沉着冷静地处理了美国历史上遭遇到的最大的危机，当时见到他的每一个人都感到了几分安心。当恐怖分子于2001年9月11日驾驶飞机撞上纽约世界贸易中心大楼，杀害了5000条无辜的生命时，朱利亚尼市长竭尽全力地去应对考验，他在他受到攻击的城市里对全世界发表了讲话。在他所写的《领导力》一书中他说：

> 一位有决断力的领导者有时看起来从来不会对下一步要采取的行动有疑问。面对困难的决策时我有时备受疑虑和绞尽

脑汁的煎熬，我总是试图推测每一个不同的决定会有怎样的结果。然而，我一旦作出了决定就会全力以赴。有时贯彻决定会遇到困难，但是我会不遗余力地去保证决定得到实行，而不是再去为这个决定是否正确而操心。

这一点非常关键。人们在应对危机时一旦作出了决定，就绝对不应该再对决定的正确性表示出任何的疑虑。相反，决策者应该尽一切努力把决定贯彻到底，这是保持头脑冷静的基础。

英国最杰出的战时领导人，陆军元帅蒙哥马利是另外一个能在承受极端压力的情况下保持头脑冷静的典范。

1942年，当蒙哥马利将军在准备进行阿拉曼决战的时候，他身穿作战服，头戴贝雷帽，把他的将军服弃之一边。他向部下发出指示，告诉他们他将会尽可能多地视察部队。他的大脑在急速运转，他的思维总是集中在全局战略和每个部队的具体战术上，但是他看上去绝对镇定自若。

当他到达每个部队时，士兵们都列队迎接他的到来。他要士兵们以一种不拘礼节的形式围拢在他周围。没有处心积虑的战术布置，也没有那些虚张声势的体育教练惯用的鼓动伎俩。相反，他以一种从容不迫的谈话来鼓励士兵们树立信心，加强他们的军事素养。在每次短会结束时他都会说：“好了，谢谢你们每一位，谢谢你们为准备工作作出的努力。现在我对你们了解得还不多，我想做的只是今天晚上好好睡一觉。”

蒙哥马利元帅懂得有些时候需要克制，要相信应该做的自会做好。他懂得以身作则最重要，因此他表现出轻松自若的神情。他理解另外一名著名的将军，17世纪的蒙特罗斯侯爵说过的话：“有些人不是过度担忧自己的命运，就是害怕地盘过于狭小，这种人不懂什么是取胜之道。”

A和E测验

应对危机意味着采取适当和必要的行动来使事态得到平息。当我们身患急病或发生意外事故时，我们会去附近的有事故部和急诊部的医院，相信在那里可以找到专家、信心、安心和帮助。在事业或个人生活中出现危机的时候，我们需要相似的事故部门A和急诊部门E——这是我们能够用来应对危机的个人资源宝库，我把它称为策划和授权的能力。

策划和授权

假如你能够在困境中作出策划并付诸实施，你就能够扭转局面。首先制定出完成主要任务的日程表，把注意力集中于此并忽略细枝末节。然后你要授权他人去完成任务，这样才能激发他人的归属感、目的性和具有奉献意识。有时可能会需要作出大的决策，可能会涉及力量的重新配置和方法的多样化。有许多人会感到害怕，因为变化总会引发一定程度的恐惧。在这样的时刻，作为一名领导者就必须激发起下属的信心，并通过授权来把责任赋予他人。当我们不再感到无助的时候，我们也就不再会感到绝望，并开始相信自己一定能够战胜困难。假如你感觉自己有力量作出改变，你就会充满希望和信心。

那么，是什么使得有些领导者不能在危机情况下去作出适当的策划和授权呢？首先，过分安逸的生活会削弱人们在危机情况下快速作出决定的能力。那些平时付出较少就能获得丰厚回报的人在危机来临时往往会感到束手无策。其次，有些人总是迟疑不决，因为他们感到只有在万无一失的情况下才能采取行动，或者他们过多地顾虑别人的看法。这种犹豫不决在应对危机时可能会造成灾难性的后果，并导致整个行动的失败。

在应对危机的时候，几乎不可能找到在实施过程中没有任何曲折坎坷的完美决策。用可能的最好策划去面对需要，然后随时根据实际情况作出必要的调整。任何一名船长都要顶着狂风恶浪把船只驶回港口，就算一路上会有设备损坏，滑轮绳索失落，甚至船只本身受到损伤等都不重要。只要船长把船只和船员安全带回港口，就不会有人去为船长在航行途中作出的决定是否正确而吵闹不休。

审慎而清晰的思考能力，策划和授权的能力，既体现出人们强韧干练的品格，也清楚表明领导者时刻的降临。

英格兰北部有一家纺织制造公司，它是家族企业，已经是五代相传了。最近这家公司感到元气大伤，原因来自激烈的行业竞争——市场上充斥着相似但价廉的产品。由于该公司无法承受高成本和高薪酬带来的压力而濒临倒闭的边缘。在长达150年的时间里为当地提供了就业机会之后，这家公司无法找到继续生存下去的方式。直到有一位年轻的经理站出来，他帮助公司的执行总裁，也就是他的父亲重新树立起了信心。他说："我们可以走出去，到外面去看一看别人是怎样做的，然后把别人的长处带回来。"

他们真的这样去做了。他们许多次地踏上了艰苦的，有时甚至是失败的寻求真相之旅，经常是带着一身疲惫空手而归。但是他们没有放弃，最终不仅为改善公司经营带来了新的思路和方法，而且还在其他国家开设了新的企业。公司员工们的生计保住了，公司重新兴旺起来。就在这家公司濒临绝境，许多人准备放弃的时候，这位年轻经理的远见和能力为公司找到了新的出路。

在这家公司面临重大危机的时候，这位年轻的经理能够作出变革的计划，并说服他的总裁父亲和其他同事相信，只要有了新的方向，就一定能取得新的成功。

还有一个故事，能很好地说明在危机时刻策划和授权能力的重要性。这个故事发生在建筑行业，在这个行业里经济萧条总是最先被感受到，有些看上去强大和成功的大公司可能在一夜之间就会倒掉。

巴耳建筑公司从只有8名雇员的木匠作坊起家，在总裁比尔·巴耳的卓越领导下，在30年的时间里发展成为一家拥有超过1000名员工的行业巨头，公司的广告和工地遍布全英国。

在一次经济紧缩时期，公司感觉到形势正在发生变化。具有企业家精神的巴耳意识到情况会进一步恶化，于是他立即召集全体经理开了一次头脑风暴会议。结果他们在继续开发道路和住宅市场的同时，还在大型商业中心和体育馆的建设方面找到了新的商机。这种新方向不仅增加了公司的利润和知名度，而且还使许多公司员工的生计有了着落。

没有比尔·巴耳的坚持和专注，这种业务重组就不会发生。公司里没有人知道他患有糖尿病，而且视力也越来越差。尽管如此，他还是随时准备出差，孜孜不倦地为公司的兴旺发达作出自己的努力。

比尔·巴耳和那位年轻的纺织公司经理一样，是善于在危机时刻策划和授权的人，因而他们都出色地化解了危机。

信念带来的勇气

在应对任何危机的时候，信念给你带来的勇气至关重要。当你周围的人怂恿你改弦易辙，或你面临多种选择的时候，你需要依靠的是强大的内心力量。当你真正了解自己，了解自己的信念和信仰时，你就能在任何情况下坚守它们。没有这种自我了解你就会随着别人的声音改变主意，而那些最响的声音往往不一定是最好的声音。

下面的故事说明，在危机中需要作出艰难决定时一定要坚守自己的信念，甚至在遭到强烈反对的情况下也不要放弃。

在美国，校园体育有很高的地位，花费也很惊人。例如最近的调查表明，俄亥俄大学和德克萨斯大学花在体育方面的预算分别在5000万至6000万美元的范围内。在这种背景下，对于任何一位新上任的校长来说，他的首要任务就是保证在学术和体育方面的预算能保持适当的平衡。

有一位新上任的大学校长在起草他的战略计划时了解到，在他的学生中间有一些杰出的足球运动员。于是他在注重体育成就的同时，也坚持了礼遇和关心他人、培养良好的学习习惯等核心价值观，这些都是他的教育观的基础。

就在他到任后不久有人向他报告说，有一位足球队的主力队员不顾先前已经有过的警告，对本地社区居民做出了粗鲁无礼的举动。这时校长受到了来自各方面的压力：球迷们恳求宽恕这位杰出的球员，而其他人则要求把他从学校开除。每个人的目光都投向校长，看他会作出怎样的处理。

这是校长到任后遇到的第一次严峻考验。面对这样一个非常艰难的决定，校长感到身处两难的境地。他强烈感觉到，自己所作出的礼遇和关心他人的宣言不仅适用于教学范围，而且也适用于体育场上。但同时他也知道，开除这名年轻的球员会引发强烈的抗议。

校长感到自己必须树立起一个清晰的榜样，他通知那位行为不端的球员离开学校。然后他急忙召开了教员和学生的全体会议，对他为什么会作这样的决定作出了明确的解释。他离开会场的时候听见人们议论纷纷，他清楚地听见有人说："他绝对不会就此走人。"

在接下来的几天里他的日子很不好过。在为自己的新职务作准备的几个月时间里，他从来没有想到过，他在到任后这么短的时间里就要作出如此有争议且果断的决定。但是他保持着镇静，在适当的场合与公众保持一定的距离。很快，学校生活的各方面回到了原来的轨道，人们逐渐恢复了信心。他们意识到新校长是一个有责任心和行为谨慎的人，更重要的是，他是一位如吉卜林所说的"既不惧怕，也不取悦众人的人"。

这位大学校长在作出决定时备受煎熬，但最终他的诚实正直的品格和自信心经受住了考验。他一旦作出了决定就绝不退缩，并很快就因此赢得了他人的尊敬。最重要的是他按照自己的信念去行动——他强烈地感受到，虽然体育成就在大学里很重要，但是作为一名学生，礼貌得体的行为举止更加要紧。

练习：底线测验

你的底线在哪里？你是否具有某种坚定的价值观和原则，对此你绝对不会作出让步？任何人在面对危机的时候了解自己的底线在哪里非常重要。当然在许多场合你需要妥协才能成事，知道自己的底线并不意味着固执和缺乏灵活性。它只是意味着你足够了解自己，知道超出了哪个范围，你就无法再作退让而又不有悖于自己的价值观。不管你面对多么深重的危机，这种对底线的把握能给你方向感。

花一点儿时间来思考你的个人底线：哪一种价值观对你来说是最重要的？当你面对反对意见和作出妥协的声浪时，到了什么阶段是需要坚守立场的？

PCC测验

我有许多客户在面对挑战和压力的时候能很好地利用这种测验。这种测验能运用到任何场合，但是在面对危机的时候最为有用。

PCC测验来自任何一位在英国乡村居住过的人都知道的PCC制度——教区委员会。这个委员会对乡村生活发挥着很大的影响，它既要作出有关公共利益的决定，也要保证村庄的安全和村民生活的平稳有序。它带给居民强烈的社区认同感。

我的PCC是工作节奏、信心和掌控能力的意思，就像英国乡村的PCC一样，它在聚焦于有效的领导方式的同时，也关注公众利益。只要保持从容的工作节奏、自信心和掌控能力，你就能在任何情况下都做到胜券在握。

Pace 工作节奏

观察一下你的工作节奏，看一看这样的节奏是否适合你。你是否过于匆忙而错失了重要的信息，或无法听到睿智的忠告？或者你的工作节奏是否过慢，考虑各种问题过多而错失了行动时机？作出加快或减慢你工作节奏的决定，然后调整你的工作节奏，看一看是否能收到良好的效果。

Confidence 信心

是哪些事情使你失去信心？你是否很容易就变得士气低落？或者你过度自信，认为你总是对的？保持平稳的信心最为有效。记得你取得成功或一帆风顺的那些时刻，经常激励自己，使自己保持一种深刻、良好和不带太多自我意识的信心。

Control 掌控能力

你是否留意到这样的情况，讨论或谈判由于合作双方的失控而导致破裂？具有掌控能力并不意味着独断专行，而是意味着你带着足够的信心参与其中，随时评估事件的进展并适时作出调整。

通常年长和有智慧的同事会指出我们的天赋和才能，对失败的恐惧会轻易地阻挡我们的脚步。在一家公司的年会上，一位前总裁的妻子来到年轻的总裁面前，祝贺他出色的工作表现。这位女士本人也是备受尊敬和极具智慧的，总裁很认真地倾听了她的发言：

“当你走上这个讲台时，大家就感到很安心。参加年会的董事会成员和全体员工都对你的到来感到由衷的高兴。这是你在将来的职业生涯中应该牢记的一件事情：你的从容步伐、信心和控制力给我们留下了深刻的印象。”

总裁心怀感激，热情地答谢了这位女士的赞扬和鼓励。但是这位前总裁的妻子有所不知的是，总裁是从对一位资深同僚的训诫听证会上赶到年会会场的，而且他还要马上赶回去继续参加那个听证会。但是他的节奏、信心和掌控能力使他经受住了考验，他的外表镇定自若，尽管如他自己所说：“赶路赶得腿都要断了。”

当人们身处在危机当中仍然需要表现出沉着、坚强和令人安心的外表时，那些真正的领导者往往会从他们过去的人生道路中去寻找力量的源泉，这就不奇怪了。圣哥伦巴早期的凯尔特追随者们在相互告别或面对领导者时刻的特别场合时，常常会引用这样一句祝福的话："哥伦巴说过的话装在我脑袋里，哥伦巴的辩才表现在我的言谈中，胜利的荣耀之子的高贵举止就是我面对众人的举止。"

出乎意料的帮助

在你的公司或私人事务陷入最可怕的困境时，记住援手会在你最意想不到的时候以最不平常的方式出现，想到这一点会给你带来很大的安慰。总是随时准备接受这种帮助，假如其他人都离开了你，那就去寻找一个你坚信能向你伸出援手的人。

英军的空降兵部队和特种部队声称其提供最严苛的军事训练，尽管皇家海军或其他部队如美国空降兵部队等往往对此不敢苟同。要赢得戴上红色贝雷帽和空降兵袖标的特权，就需要经过一系列严格的体能训练。我自己在参加这样的训练时得到了两条教训：第一，我们每一个人所具备的潜能比我们想象的要多；第二，在困境中，一句安慰的话语或一双伸向你的援手往往能创造出很大的不同。

士兵们每个上午都在体育馆里的训练中度过，紧接着也许会是在泥泞的坦克路上的十英里越野跑，以及下午和傍晚的各种进一步挑战极限的体能训练。一天上午，我在爬绳训练中鼻子被别人的靴子碰伤而导致呼吸困难——后来我才发现我的鼻梁骨折了。

有一次在完成了十英里越野跑回到驻地时，带班的军士长在游泳池前把我们叫住了。"脱光衣服到里面去！"他命令道。我们服从命令，把脱下的衣服放在外面寒冷的湿地上。在里面的秋千架上快速活动之后，我们又接到命令回到外面穿上衣服。我一直记得母亲不要穿湿衣服的话，但这不是空降兵的看法，军队认为冰冷潮湿的衣服有利于体魄的锻炼。

我们的小队行军返回驻地，随着时间的推移，每一个人感到越来越冷，越来越疲惫和沮丧。我们接到命令跑步前进，离温暖舒适的营房越来越近了。就在这时军士长突然命令我们向后转，他大声喊道："好吧，我们现在出发，把刚才的一切重做一遍！"

就在这时我前面的两名士兵躺倒在地上，嘴里脏话骂个不停，说得客气一点儿就是："不要这样玩残士兵。"我放慢脚步几乎也要做出同样的事情。就在这时，一位来自皇家工程兵接受伞兵培训的新兵从我身后提起了我的背包，轻声在我耳边说："不要这样做，神父，你能行。我们一起走。"

我经常对这位年轻人心怀感激。当时我身处一生中最困难的时刻，没有他的帮助我永远不可能取得红色贝雷帽和空降兵袖标。事实上，来自身后意想不到的提携和耳边鼓励的话语塑造了我以后的人生，它教我懂得，在最困难的时刻总会有伸向你的援手。

展望未来

当遭受到灾难的打击时，展望未来的能力能带给我们希望。我们总会有明天，总能够找到新的机会和生活下去的理由。罗恩·尼尔给我讲的故事最能说明这个道理，他当时是英国广播公司国内和地区广播总监，而我是苏格兰地区总管。

1996年3月13日，在一次英国广播公司的总管会议上，一条信息传来：在苏格兰杜布兰的一所小学里发生了屠杀事件，我和罗恩立即离开会场动身北上。我们乘坐英国广播公司的汽车前去机场，车上装有一架电视机，我们能及时观看到电视播放的新闻。作为人类的一员和苏格兰人，我们极其震惊地得知有16名学生和一位教师被杀害了。当我转向罗恩时，我看见他哭了。他是一位资深的广播界行政人员，他眼睛没有离开电视屏幕说："这些场面多么熟悉。"

我问他为什么，他解释说，当他还是2号电台的年轻记者时，他在格拉斯哥为英国广播公司苏格兰分公司工作。1969年1月他被派往奥克尼群岛去报道朗赫普救生船的灾难事件。罗恩记得在那些日子里，他靠着一架老式的红色电话盒子向公司发回报道，然后他回到当地的旅馆里，整个社区的人都聚集在那里。在场的每一个人或有父亲，或有祖父或有儿子或有丈夫或有兄弟或有亲戚或有朋友在那条船上，没有一个与事件无关的人。收音机的音量开得很大，人们希望能听到一些新的消息。突然，罗恩刚刚给公司发去报道的红色电话盒子传回了电波：在船上的所有八名船员都遇难了。

罗恩回忆说，当时人们沉默了好长一段时间，不管男女老幼，大家只是低声地抽泣。直到有一个男孩站起来大声说道："我们应该再造一条船。"

他们果然这样做了。没过几年，罗恩·尼尔前往报道了新的朗赫普救生船的下水仪式，伊丽莎白女王与她的母亲亲自参加了这场隆重的盛典。他们在逝者的纪念碑附近举行了追思仪式，牧师念出最后的赞美词——"永远的父，你的大力拯救我们"，以纪念那些在海上逝去的人，他轻轻地拍了下那十位身穿防水服的船员的肩膀。就在这时海上传来了呼救的信号，新的朗赫普号很快出发了。

在最绝望的时刻，在旅馆里挺身而出的男孩做得完全正确。海上救生事业必须要延续，而作为一个社区，他们着眼的是自己的未来。

在商业、工业的领域里也像在生活中一样。像奥克尼岛上的男孩所表现出来的那种清晰的思维，在危机中替代了人们日常的知识、实践和技能。狂风会威胁到船只的航行，我们最周密的计划有时也会在无法预知的礁石上搁浅，我们的人生航线就会因此而受阻。这时我们就需要坚韧不拔的品质和决心，再建造起一条船去扬帆远航。

当坚持下去是正确的选择时

我们都有过这样的经历——有时我们不知道应该是把某项事业继续进行下去，还是另起炉灶。我们有时会为自己坚持不懈地去做某些事情感到欣慰，但是当危机来临的时候你怎样才能知道，是应该坚持某项事业还是放弃它呢？以下的原则能帮助你作出决定：

你对这项事业有信心吗？你相信它一定能成功吗？你相信它是值得为之付出的吗？你是不是会为此竭尽全力？

这项事业完全符合你的价值观吗？即便在你最低潮的时刻，你也会以激情和坚定的信念来为它辩护吗？

你是否能为这项事业描绘出一幅成功的前景，并能粗略地看到，要达到这样的目标需要做些什么吗？

仅仅是你的公司在为这项事业作出努力，还是其他人也对它有信心？

其他人是不是正在寻求你对这项事业的领导和指引？

假如你对所有问题的回答都是肯定的，那就是一项值得坚持下去的事业。如果对任何一个问题的回答是否定的，问一下为什么，然后考虑是否需要作出一些变化或调整来得到肯定的答案；或者是否现在已经到了放弃这项事业，把精力转向其他地方的时候了。

有一家制造商遇到了重大危机——原材料价格翻了倍，而买家又一时锐减——年轻的执行董事决定挽救公司把事业进行下去。尽管董事会成员都不看好公司的前景，但他还是说服员工削减了工资，尽力维持生产，还为公司找到了新的客户。

三个月过去了，情况还是没有好转。但是当这位执行董事再一次参加董事会时，他仍然固执己见地要继续维持公司。然而到了会议结束时，他终于找到了面对现实的勇气。继续维持公司对员工是不公平的，白白浪费自己的精力。他哀伤地对员工宣布公司必须倒闭，尽管他尽了最大的努力，但是支持他的人却越来越少，他所期望的奇迹最终还是没有出现。

有时作重新评估是一种困难的选择，但是经常客观地观察事情的进展，可以得知这项事业是否真正值得进行下去。

超越危机

所有的危机都会结束，事实上危机的根本性质决定了它总是短命的。在调动起你所有的资源、自我认识和经验渡过了困难时期之后，做一下事后的回顾和总结很有必要。你可以问一下自己，以及有关的人以下的问题：

当时还可以做其他任何事情来快速缓解危机吗?

是不是已经在危机中使用了可能的最好方法?

可以从这次危机中吸取怎样的经验和教训?

应该做哪些事情来防止同样的危机再次发生?

虽然要避免所有的危机难以做到，但是没有一家公司或机构愿意看到危机接连不断地发生。防患于未然至关重要，这样所有的资源和力量可以用到真正难以避免的突发事件上，而不是消耗在那些由于粗心大意或计划不周造成的事故上。当我们能做到关注细节、记录事故，并且从先前的经验当中吸取教训时，当我们对可以预见到的意外事故尽可能地做好准备时，危机就难以经常发生了。

第十二章

从囚禁到自由的人生

在我的一生中，最感人的经历是我和家人一起在南非开普敦海边的罗本岛上所体验到的，虽然我们在那里所度过的下午时光，难以与南非第一位黑人总统纳尔逊·曼德拉走向自由的漫长道路相比。他的一生中有27年在囚禁中度过，其中有9年是在罗本岛上。

在登上罗本岛以前，我们参观了纳尔逊·曼德拉基金会的美术馆。在那里我们见到了曼德拉画的罗本岛的速写，以及他写下的文字：

今天，当我再看到罗本岛的时候，我把它看作是对斗争精神的颂扬和人类最美好品德的象征，而不是把它看作残暴独裁制度和种族压迫的纪念碑。

罗本岛是这样的一个地方，在这里勇气战胜了无边的苦难，人们在绝望的时候仍不放弃希望，智慧和决心战胜了恐惧和人性的脆弱。

罗本岛曾经是一个黑暗的地方固然不错，但是在黑暗中令人赞叹的光明降临了。这种光明如此耀眼，以至监狱的铁窗和高墙难以将它禁锢，四周的大海难以将它包围。

在这些题为“我的罗本岛”的速写中，我意欲给罗本岛加上我眼中的积极色彩，这是我愿意与世界各地的人们分享的。我也想通过这些速写表达出我的想法：假如我们准备好去接受

人生的挑战，那么哪怕是最神奇的梦想也会变成现实。

离开展馆的时候，我看见四座震撼人心的雕塑，这些雕塑的扩大版将来会安放到罗本岛上。这些艺术作品刻画了由曼德拉的人生所具体体现出来的反对种族隔离的四个阶段：囚禁，对话，社会和自由。雕塑所展现出来的美和力量深深地打动了我，因为就像它们体现了在种族隔离制度下争取自由的斗争一样，它们也适用于表现我们每个人在人生中所走过的，通向意识和知性的旅程。

囚禁

我们经常会受到个人境况的局限，我们的创造性有时会因为需要服从别人的安排而受到限制，许多在职场奋斗的人们都明白这个道理。囚禁既可能来自外部的力量，也可能来自我们的内心。

囚禁你的是哪些东西？是什么让你止步不前？是不是你童年和青年时代的负面影响在起着消极的作用？你的行动和希望是不是已经和你的核心价值观分离？你是不是按照别人的安排和预期来生活？你能不能通过现实生活中的行为来勇敢地表达你的内心？

对话

直到纳尔逊·曼德拉和他的同事、黑人政治活动家沃尔特·西苏卢和罗伯特·索布克韦与反对种族隔离运动中的其他政治派别开始对话时，如后来在曼德拉第一届政府中担任职务的、杰出的立陶宛犹太移民乔·斯洛夫，反对南非种族统治的运动才开始真正壮大起来，成为有全国和国际影响的力量。我们常常没有意识到对话能够带来的好处，因为我们缺乏准确表达自己的信心和能力，或者担心别人不能倾听和理解我们的原意。著名诗人大卫·怀特做了很多旨在把灵魂和人性带回到职场中来的演讲。他经常勇敢地告诉职场世界，对话中蕴涵着培育人格的力量。在对话中谈及人性的弱点是个人成长的开始，开放性的对话会为你带来新的自我发现和了解。有时你会和最意想不到的人，在最意想不到的地方开始一场富有成果的对话。

社会

有时我们会听到有人——不一定是年长的人——恋恋不舍地回顾昔日的时光，叹息当今的世界变得太快。这种情感与某种社群意识有关，这些怀旧的人相信昔日的社会在今天已经不复存在。

快速的沟通方式和便利的旅行条件确实已经把社会分裂为碎片。如今人们可以相对独立地生活，而不需要去认识和了解他们的邻居是谁。

变化节奏的加快和人们急功近利的心态在职场中也带来了相似的变化。那位年轻的澳大利亚银行职员有两个孩子，还有一个希望生第三个孩子的妻子。他感到自己只喜欢工作以外的家庭生活，因为他觉得在公司里没有人对他感兴趣。事实上，假如他能够打破自我强加的禁忌，积极参与他人的对话，并在他的职场生活中引入社群意识的话，大家都会对他有兴趣。

得过奥斯卡奖的影片《当地英雄》讲述了这样一个故事：有一个苏格兰社区的所在地要建起一个石油输送终端站，社区居民虽然有着高额补偿的诱惑和看似兴旺发达的前景，但是他们小小的社区文化也面临着被摧毁的威胁。然后，由伯特·兰卡斯特饰演的石油大亨出场了。他来到海滩拥有者们的小屋里，和大家一起分享和体验一种截然不同的休戚与共的文化。在此之前，这位由兰卡斯特扮演的大亨一直是一个重外表轻内心的人，而他在故事的进程中学到的最有价值的东西，就是出自内心的诚实正直的品德。

自由

当你发自内心地去工作，而不是让外面的世界来主宰你时，你就会得到一种难以言喻的自由感。纳尔逊·曼德拉在他的囚禁生活中发现了自己的灵魂所在，所以他能够在这一段最黑暗的时期里看见南非彩虹新国家的曙光。用他自己的话来说：“假如我们准备好去接受人生的挑战，那么哪怕是最神奇的梦想也会变成现实。”

纳尔逊·曼德拉和四座雕塑要表达的意思是：我们只要有勇气去面对自己的牢笼，通过对话去取得存在于我们自己和他人内心中对社会的认同，最终我们就会感受到最深刻的自由。

开放的心态

有智慧和原则的人不惧怕评估自己现有的动机，乐于寻找新的道路，并与他人分享他们所拥有的一切，以达到为他人的生活创造出不同的目的——无论是在公司还是在别的地方。通向自由的旅程——我在这本书里希望你开始的旅程，并且希望你在放下这本书之后继续的旅程——是必须带着开放心态去行走的旅程。我所遵循的一条原则是：假如你能努力做到以你诚实正直的品德和开放的心态来行事，那么不管在你的生活中遭遇到怎样的困境、失望、恐惧或失败，你总是能找到继续向着自己的目标前进的勇气。假如你能这样做，并能在遇到阻碍时找到新的启示以坚持自己的方向，你就能经常得到别人的理解和支持。而且最令人惊奇和愉快的是，你会发现别人会朝你走来认识你并向你致意。

我的曾祖父们知道得很清楚，我们必须知道我们是谁，我们和别人有哪些共同的地方——而不是有哪些不同的地方。有太多的人们接受了宗教和政客们的灌输，认为人和人之间的不同大于相同。我相信我们应该努力去寻找我们所共同具有的人性，假如我们做到了这一点，我们就能一起变得更好、更强。现在我们都生活在多文化、多信仰的社会里，我们需要通过互相的包容和接受来融入到这样的生活中。

能够了解自己的人会对他人有同情心，并把它当作成功的基石。这样的人在听到别人说“不”的时候会想一想“为什么不”。他们不怕异想天开，不怕冲破樊篱，他们永远敢于创新。

威尔士英国狮子队的传奇球员克里夫·摩根后来成为英国广播公司体育台的领导人。在几年前的一次橄榄球晚宴上他说：“在今天的生活中，最大的挑战是战胜贪婪和平庸。”接着他解释了为什么无论是在体育场上，还是在工作和生活当中，这两种负面品质都会有消极的作用。

在美国安然公司的丑闻中，就是贪婪和平庸导致了公司和个人的灾难。这些负面品质也不同程度地影响着我们每一个人，但是有自我意识的人每次都会选择用勇气和诚实来战胜它们。只有我们克服了人性中的贪婪，有着超越平庸的远大抱负时，我们才能把自己从牢笼中释放出来并得到这样一种自由——知道我们是谁，我们会有怎样的未来。

把灯光打开

克里夫·摩根在那次讲话中继续讲道，当他访谈女演员丽芙·乌尔曼的时候，他问她：“你是在什么时候意识到自己会成为一个伟大的女演员的？”她的回答简单而直接：“我想，是我有一次被家人、朋友和最热心的影迷们所包围的时候，就在那时我感到自己能成功。那时简直就像打开了一盏灯一样。”

我希望读者在读完这本书之后，真的能打开自我了解和自我意识的灯光，让自己有机会成为一个勇敢和负责任的领导者。这样一种领导品质，以及我们引入到生活和工作中的其他解决方案，能够为我们的事业、社区和家庭生活注入新的活力。正如纳尔逊·曼德拉在他就任南非总统时发表的著名演讲中所说：“畏缩的态度不能改变世界。隐藏自己内在的潜能并不会让你身边的人，觉得更有安全感。我们都应该发挥自己最大的潜能，就像小孩子那样。当我们让自己发光时，我们不自觉地影响到身边的人，让他们也能这么做。”这是真正的领导艺术：让自己焕发光彩，然后通过你的行为、信念和以身作则的榜样，去让别人也焕发出同样的光彩。